班组安全行丛书

危险化学品作业安全知识

北京注安注册安全工程师安全科学研究院　组织编写

中国劳动社会保障出版社

图书在版编目(CIP)数据

危险化学品作业安全知识/北京注安注册安全工程师安全科学研究院组织编写. -- 北京：中国劳动社会保障出版社，2023

(班组安全行丛书)

ISBN 978-7-5167-5767-3

Ⅰ.①危… Ⅱ.①北… Ⅲ.①化工产品-危险物品管理-安全技术 Ⅳ.①TQ086.5

中国国家版本馆 CIP 数据核字(2023)第 027881 号

中国劳动社会保障出版社出版发行

(北京市惠新东街 1 号　邮政编码：100029)

*

北京市科星印刷有限责任公司印刷装订　　新华书店经销

880 毫米×1230 毫米　32 开本　5.5 印张　123 千字

2023 年 3 月第 1 版　　2023 年 3 月第 1 次印刷

定价：22.00 元

营销中心电话：400-606-6496

出版社网址：http://www.class.com.cn

危险化学品作业安全知识
编　委　会

内容简介

本书以问答的形式讲述了危险化学品作业安全知识，内容包括危险化学品安全基础知识，危险化学品生产、储存安全，危险化学品使用安全，危险化学品经营安全，危险化学品运输安全，危险化学品事故应急处置与救援，危险化学品职业病危害与防护七部分。

本书叙述简明扼要，内容通俗易懂，可作为班组安全生产教育培训的教材，也可供从事安全生产工作的有关人员参考、使用。

前言

班组是企业最基本的生产组织，是实际完成各项生产工作的部门，始终处于安全生产的第一线。班组的安全生产，对于维持企业正常生产秩序，提高企业效益，确保职工安全健康和企业可持续发展具有重要意义。据统计，在企业的伤亡事故中，绝大多数属于责任事故，而90%以上的责任事故又发生在班组。可以说，班组平安则企业平安，班组不安则企业难安。由此可见，班组的安全生产教育培训直接关系企业整体的生产状况乃至企业发展的安危。

为适应各类企业班组安全生产教育培训的需要，中国劳动社会保障出版社组织编写了“班组安全行丛书”。该丛书自出版以来，受到广大读者朋友的喜爱，成为他们学习安全生产知识、提高安全技能的得力工具。其间，我社对大部分图书进行了改版，但随着近年来法律法规、技术标准、生产技术的变化，不少读者通过各种渠道给予意见反馈，强烈要求对这套丛书再次进行改版。为此，我社对该丛书重新进行了改版。改版后的丛书共包括17种图书，具体如下：

《安全生产基础知识（第三版）》《职业卫生知识（第三版）》《应急救护知识（第三版）》《个人防护知识（第三版）》《劳动权益与工伤保险知识（第四版）》《消防安全知识（第四版）》《电气安全知识（第三版）》《危险化学品作业安全知识》《道路交通运输安全知识（第二版）》《金属冶炼安全知识（第二版）》《焊接安全知识

（第三版）》《起重安全知识（第二版）》《高处作业安全知识（第二版）》《有限空间作业安全知识（第二版）》《锅炉压力容器作业安全知识（第二版）》《机加工和钳工安全知识（第二版）》《企业内机动车辆安全知识（第二版）》。

该丛书主要有以下特点：一是具有权威性。丛书作者均为全国各行业长期从事安全生产、劳动保护工作的专家，既熟悉安全管理和技术，又了解企业生产一线的情况，所写内容准确、实用。二是针对性强。丛书在介绍安全生产基础知识的同时，以作业方向为模块进行分类，每分册只讲述与本作业方向相关的知识，因而内容更加具体，更有针对性。班组可根据实际需要选择相关作业方向的分册进行学习。三是通俗易懂。丛书以问答的形式组织内容，而且只讲述最常见、最基本的知识和技术，不涉及深奥的理论知识，因而适合不同学历层次的读者阅读使用。

该丛书按作业内容编写，面向基层，面向大众，注重实用性，紧密联系实际，可作为企业班组安全生产教育培训的教材，也可供从事安全生产工作的有关人员参考、使用。

目录

危险化学品安全基础知识

1. 什么是危险化学品?

危险化学品是指具有毒害、腐蚀、爆炸、燃烧、助燃、放射性等特性，在生产、储存、经营、使用、运输、废弃等过程中，容易造成人身伤害、环境污染和财产损失，因而需要采取非常严格的安全措施和特别防护的物品。

《危险化学品安全管理条例》规定，危险化学品是指具有毒害、腐蚀、爆炸、燃烧、助燃等性质，对人体、设施、环境具有危害的剧毒化学品和其他化学品。

《中华人民共和国安全生产法》规定，危险物品是指易燃易爆物品、危险化学品、放射性物品等能够危及人身安全和财产安全的物品。

2. 危险化学品安全管理方针是什么?

危险化学品安全管理，应当坚持“安全第一、预防为主、综合治理”的方针，强化和落实企业的主体责任。

3. 危险化学品班组从业人员岗前培训的基本规定是什么?

《危险化学品安全管理条例》规定，危险化学品生产、储存、使用、经营、运输单位的从业人员应当接受教育和培训，考核合格后上岗作业。

4. 危险化学品的危险特性有哪些?

（1）易燃易爆性。易燃易爆性是指危险化学品经撞击、摩擦、火花等的作用，易发生燃烧与爆炸。

（2）扩散性。扩散性是指一些危险化学品可向周围迅速扩散，与空气形成混合物，易燃易爆或易引起人体中毒。

（3）毒害性。一些危险化学品具有很强的毒害性，可进入人体并破坏人体器官的正常生理功能。

（4）腐蚀性。腐蚀性是指危险化学品尤其是强酸、强碱等物质，易与人体组织、设施构件、环境等发生物理或化学反应而造成危害。

5. 危险化学品按物理危险如何分类?

依据相关标准，危险化学品按物理危险分类如下：

（1）爆炸物。爆炸物质（或混合物）是能通过化学反应在内部产生一定速度、一定温度与压力的气体，且对周围环境具有破坏作用的一种固态或液态物质（或混合物）。烟火物质（或混合物）无论其是否产生气体都属于爆炸物。

烟火物质（或混合物）是能发生非爆轰且自供氧放热化学反应的物质或混合物，并产生热、光、声、气、烟或几种效果的组合。

爆炸品是包含一种或多种爆炸物质或其混合物的物品。

烟火制品是包含一种或多种烟火物质或其混合物的物品。

（2）易燃气体。易燃气体是在 20 ℃和 101.3 kPa 标准压力下，与空气混合有一定易燃范围的气体。

（3）气溶胶。气溶胶是指喷雾器（系任何不可重新灌装的容器，该容器由金属、玻璃或塑料制成）内装强制压缩、液化或加压溶解的气体（包含或不包含液体、膏剂或粉末），并配有释放装置，以使内装物喷射出来在气体中形成悬浮的固态或液态微粒，或形成泡沫、膏剂或粉末，或者以液态或气态的形式出现。

（4）氧化性气体。一般通过提供氧气，比空气更能导致或促使其他物质燃烧的任何气体，称为氧化性气体。

（5）加压气体。加压气体是指在 20 ℃、压力等于或高于 200 kPa（表压）下装入储存装备的气体，或是液化气体或冷冻液化气体。

加压气体包括压缩气体、液化气体、溶解气体、冷冻液化气体。

（6）易燃液体。易燃液体是指闪点不高于 93 ℃的液体。

（7）易燃固体。易燃固体是指容易燃烧或通过摩擦引燃或助燃的固体。

易燃固体一般为粉状、颗粒状或糊状物质，它们与点火源（如着火的火柴）短暂接触即可点燃且火焰迅速蔓延。

（8）自反应物质和混合物。自反应物质和混合物是指即使没有氧（空气）也容易发生激烈放热分解的热不稳定液态、固态物质或者混合物，但不包括根据《全球化学品统一分类和标签制度》（GHS）分类为爆炸物、有机过氧化物或氧化性物质的物质和混合物。

（9）自燃液体。自燃液体是指即使量小也能在与空气接触后 5 min 内着火的液体。

（10）自燃固体。自燃固体是指即使量小也能在与空气接触后 5 min 内着火的固体。

（11）自热物质和混合物。自热物质和混合物是指除自燃液体或自燃固体以外，与空气反应不需要能量供应就能够自热的固态或液态物质或混合物。这类物质或混合物与自燃液体或自燃固体不同，因为这类物质只有数量很大（千克级）并经过长时间（几小时或几天）才会发生自燃。

（12）遇水放出易燃气体的物质和混合物。遇水放出易燃气体的物质和混合物是指通过与水作用，容易具有自燃性或放出危险数量的易燃气体的固态或液态物质和混合物。

（13）氧化性液体。氧化性液体是指本身未必燃烧，但通常因放出氧气可能引起或促使其他物质燃烧的液体。

（14）氧化性固体。氧化性固体是指本身未必燃烧，但通常因放出氧气可能引起或促使其他物质燃烧的固体。

（15）有机过氧化物。有机过氧化物是指含有二价-O-O-结构的液态或固态有机物质，可以看作过氧化氢的一个或两个氢原子被有机基团替代的衍生物。有机过氧化物也包括有机过氧化物配制物。有机过氧化物是热不稳定物质或混合物。

（16）金属腐蚀物。金属腐蚀物是指通过化学作用会显著损伤或毁坏金属的物质或混合物。

6. 危险化学品按健康危害如何分类？

依据相关标准，危险化学品按健康危害分类如下：

（1）急性毒性。急性毒性是指经口或经皮肤给予物质的单次剂量或在 24 h 内给予多次剂量，或者 4 h 的吸入接触发生的急性有害影响。

（2）皮肤腐蚀/刺激。皮肤腐蚀是指能对皮肤造成不可逆损害的结果，即施用试验物质 4 h 内，可观察到表皮和真皮坏死。典型的腐蚀反应具有溃疡、出血、血痂的特征，而且在 14 天观察期结束时，皮肤、完全脱发区域和结痂处由于漂白而褪色。

皮肤刺激是指施用试验物质达到 4 h 后对皮肤造成可逆损害的结果。

（3）严重眼损伤/眼刺激。严重眼损伤是指将受试物施用于眼睛前部表面进行暴露接触，引起了眼部组织损伤，或出现严重的视觉衰退，且在暴露后的 21 天内尚不能完全恢复。

眼刺激是指将受试物施用于眼睛前部表面进行暴露接触后，眼睛发生的改变，且在暴露后的 21 天内出现的改变可完全消失，恢复正常。

（4）呼吸道或皮肤致敏。呼吸道致敏物是指吸入后会导致呼吸道过敏的物质。皮肤致敏物是指皮肤接触后会导致过敏的物质。

（5）生殖细胞致突变性。生殖细胞致突变性是指化学品引起人类生殖细胞发生可遗传给后代的突变。但是，在将物质和混合物划归这一危害类别时，也要考虑体外致突变性/遗传毒性试验和哺乳动物体细胞内致突变性和遗传毒性试验。

（6）致癌性。致癌物是可导致癌症或增加癌症发病率的物质或混合物。在实施良好的动物试验性研究中诱发良性和恶性肿瘤的物质和混合物，也被认为是假定的或可疑的人类致癌物，除非有确凿证据显示该肿瘤形成机制与人类无关。

（7）生殖毒性。生殖毒性是指对成年男性和女性的性功能和生育能力的有害影响，以及对子代的发育毒性。

（8）特异性靶器官毒性（一次接触）。特异性靶器官毒性（一次接触）是指一次接触物质和混合物引起的特异性、非致死性的靶器官毒性作用，包括所有明显的健康效应，可逆的和不可逆的、即时的和迟发的功能损害。

（9）特异性靶器官毒性（反复接触）。特异性靶器官毒性（反复接触）是指反复接触物质和混合物引起的特异性、非致死性的靶器官毒性作用，包括所有明显的健康效应，可逆的和不可逆的、即时的和迟发的功能损害。

（10）吸入危害。该分类针对可能对人类造成吸入毒性危害的物质或混合物。

吸入特指液态或固态化学品通过口腔或鼻腔直接进入或者因呕吐间接进入气管和下呼吸系统。

吸入毒性包括化学性肺炎、不同程度的肺损伤或吸入后死亡等严重急性效应。

7. 危险化学品按环境危害如何分类?

依据相关标准，危险化学品按环境危害分类如下：

（1）对水生环境的危害。急性水生毒性是指可对在水中短时间接触该物质的生物体造成伤害，是物质本身的性质。慢性水生毒性是指可对在水中接触该物质的生物体造成有害影响，接触时间根据生物体和生命周期确定，是物质本身的性质。

（2）对臭氧层的危害。

8. 什么是重点监管的危险化学品?

重点监管的危险化学品是指列入《首批重点监管的危险化学品名录》的危险化学品以及在温度 20 ℃和标准大气压 101.3 kPa 条件下属于以下类别的危险化学品：

（1）易燃气体类别 1［爆炸下限≤13%（体积分数）或爆炸极限范围≥12%（体积分数）的气体］。

（2）易燃液体类别 1（闭杯闪点 < 23 ℃且初沸点≤35 ℃的液体）。

（3）自燃液体类别 1（与空气接触不到 5 min 便燃烧的液体）。

（4）自燃固体类别 1（与空气接触不到 5 min 便燃烧的固体）。

（5）遇水放出易燃气体的物质类别 1（在环境温度下与水剧烈反应所产生的气体通常显示自燃的倾向，或释放易燃气体的速度等于或大于每千克物质在任何 1 min 内释放 10 L 的任何物质或混合物）。

（6）三光气等光气类化学品。

9. 首批重点监管的危险化学品有哪些？

首批重点监管的危险化学品有氯，氨，液化石油气，硫化氢，甲烷、天然气，原油，汽油（含甲醇汽油、乙醇汽油）、石脑油，氢，苯（含粗苯），碳酰氯，二氧化硫，一氧化碳，甲醇，丙烯腈，环氧乙烷，乙炔，氟化氢、氢氟酸，氯乙烯，甲苯，氰化氢、氢氰酸，乙烯，三氯化磷，硝基苯，苯乙烯，环氧丙烷，一氯甲烷，1，3-丁二烯，硫酸二甲酯，氰化钠，1-丙烯、丙烯，苯胺，甲醚，丙烯醛、2-丙烯醛，氯苯，乙酸乙烯酯，二甲胺，苯酚，四氯化钛，甲苯二异氰酸酯，过氧乙酸，六氯环戊二烯，二硫化碳，乙烷，环氧氯丙烷，丙酮氰醇，磷化氢，氯甲基甲醚，三氟化硼，烯丙胺，异氰酸甲酯，甲基叔丁基醚，乙酸乙酯，丙烯酸，硝酸铵，三氧化硫，三氯甲烷，甲基肼，一甲胺，乙醛，氯甲酸三氯甲酯。

10. 第二批重点监管的危险化学品有哪些?

第二批重点监管的危险化学品有氯酸钠、氯酸钾、过氧化甲乙酮、过氧化（二）苯甲酰、硝化纤维素、硝酸胍、高氯酸铵、过氧化苯甲酸叔丁酯、N，N'-二亚硝基五亚甲基四胺、硝基胍、2，2'-偶氮二异丁腈、2，2'-偶氮-二-（2，4-二甲基戊腈）（即偶氮二异庚腈）、硝化甘油、乙醚。

11. 什么是剧毒化学品?

根据《危险化学品目录（2015 版）》，剧毒化学品是指具有剧烈急性毒性危害的化学品，包括人工合成的化学品及其混合物和天然毒素，还包括具有急性毒性易造成公共安全危害的化学品。

急性毒性是判断一个化学品是否为毒害品的重要指标，它是指一定量的毒物一次对动物所产生的毒害作用，用半数致死剂量 LD_{50}、半数致死浓度 LC_{50} 来表示。

满足下列条件之一，即可判定为剧烈急性毒性（急性毒性类别 1）：

（1）大鼠试验，经口 $LD_{50} \leq 5$ mg/kg。

（2）大鼠试验，经皮 $LD_{50} \leq 50$ mg/kg。

（3）大鼠试验，吸入（4 h）$LC_{50} \leq 100$ mL/m^3（气体）或 0. 5 mg/L（蒸气）或 0. 05 mg/L（尘、雾）。

经皮 LD_{50} 的试验数据，也可使用兔试验数据。

一般情况下，固体或液体化学品急性毒性用 LD_{50} 表示，其含义为能使一组试验动物（家兔、白鼠等）死亡 50% 的剂量，单位为 mg/kg（体重）。例如，氰化钠的大鼠经口半数致死量（LD_{50}）为 6. 4 mg/kg。

气体化学品急性毒性用半数致死浓度 LC_{50} 表示，其含义为试验动物吸入后，经一定时间，能使其半数死亡的空气中该毒物的浓度。

12. 什么是易制毒化学品？

易制毒化学品是指可用于制造毒品的化学品。易制毒化学品按用途分为药品类易制毒化学品和非药品类易制毒化学品。非药品类易制毒化学品是指《易制毒化学品管理条例》中附表确定的可以用于制毒的非药品类主要原料和化学配剂。石油化工企业主要涉及的是非药品类易制毒化学品。

非药品类易制毒化学品分为 3 类：第一类是可以用于制毒的主要原料，第二类、第三类是可以用于制毒的化学配剂。

13. 什么是易制爆危险化学品？

易制爆危险化学品是指可用于制造爆炸物品的一类危险化学品。

14. 危险货物如何分类？

危险货物依据《危险货物分类和品名编号》（GB 6944—2012）分为 9 大类，其中第 1 类、第 2 类、第 4 类、第 5 类、第 6 类再分成项别。

（1）第 1 类：爆炸品。

1.1 项：有整体爆炸危险的物质和物品。

1.2 项：有迸射危险，但无整体爆炸危险的物质和物品。

1.3 项：有燃烧危险并有局部爆炸危险或局部迸射危险，或这两种危险都有，但无整体爆炸危险的物质和物品。

1.4 项：不呈现重大危险性的物质和物品。

1.5 项：有整体爆炸危险的非常不敏感的物质。

1.6 项：无整体爆炸危险的极端不敏感的物品。

（2）第 2 类：气体。

2.1 项：易燃气体。

2.2 项：非易燃无毒气体。

2.3 项：毒性气体。

（3）第 3 类：易燃液体。

（4）第 4 类：易燃固体、易于自燃的物质、遇水放出易燃气体的物质。

4.1 项：易燃固体、自反应物质和固态退敏爆炸品。

4.2 项：易于自燃的物质。

4.3 项：遇水放出易燃气体的物质。

（5）第 5 类：氧化性物质和有机过氧化物。

5.1 项：氧化性物质。

5.2 项：有机过氧化物。

（6）第 6 类：毒性物质和感染性物质。

6.1 项：毒性物质。

6.2 项：感染性物质。

（7）第 7 类：放射性物质。

（8）第 8 类：腐蚀性物质。

（9）第 9 类：杂项危险物质和物品，包括危害环境物质。

需要注意的是，以上类别和项别的号码顺序并不是危险程度的顺序。

《危险货物分类和品名编号》（GB 6944—2012）中规定，为了包装目的，除了第 1 类、第 2 类、第 7 类、第 5.2 项和 6.2 项的物质，以及第 4.1 项自反应物质以外的物质，根据其危险程度，将包装类别分为 3 类：具有高度危险性物质的 I 类包装，具有中等危险性物质的

Ⅱ类包装，具有轻度危险性物质的Ⅲ类包装。

15. 危险货物分类的主要应用有哪些？

（1）危险货物分类主要用于生产企业编制化学品安全技术说明书和安全标签，并提供给下游用户。化学品安全技术说明书需要提供给下游用户和运输车船的押运员，安全标签需要在每个化学品外包装容器上粘贴。

（2）涉及重点监管的危险化学品的生产、储存装置，原则上须由具有甲级资质的化工行业设计单位进行设计。

（3）地方各级应急管理部门应当将生产、储存、使用、经营重点监管的危险化学品的企业，优先纳入年度执法检查计划，实施重点监管。

（4）生产、储存重点监管的危险化学品的企业，应根据本企业工艺特点，装备功能完善的自动化控制系统，严格工艺、设备管理。对使用重点监管的危险化学品的数量构成重大危险源的企业的生产、储存装置，应装备自动化控制系统，实现对温度、压力、液位等重要参数的实时监测。

（5）生产重点监管的危险化学品的企业，应针对产品特性，按照有关规定编制完善的、可操作性强的危险化学品事故应急预案，配备必要的应急救援器材、设备，加强应急演练，提高应急处置能力。

16. 什么是危险货物包装标志？

危险货物包装标志是货物运输包装中的一种特殊标志，用统一规定的图案和文字来显示货物的危险性质。在装卸、运输、储存过程中，要注意危险货物的包装标志，按其性质采取相应的安全措施，确保货物、人员安全。《危险货物包装标志》（GB 190—2009）规定了危险货物包装图示标志的分类图形、尺寸、颜色及使用方法等。标志分为标记和标签。标记有 4 个；标签有 26 个，其图形分别标示了 9 类危险货物的主要特性。

17. 如何使用危险货物包装标志?

当某种危险化学品具有一种以上的危险性时，应用主标志表示主要危险性类别，用副标志表示其他的次要危险性类别。例如，丙烯腈具有易燃性和有毒性，醋酸具有易燃性和腐蚀性。丙烯腈的主要危险性是易燃性，主标志是易燃液体标志，副标志是毒性物质标志；醋酸的主要危险性是腐蚀性，主标志是腐蚀性物质标志，副标志是易燃液体标志。标志的使用方法如下：

（1）可采用粘贴、钉附及喷涂等方法打标。

（2）箱状包装，标志应位于包装端面或侧面的明显处；袋、捆包装，标志应位于包装明显处；桶形包装，标志应位于桶身或桶盖；集装箱、成组货物，标志应粘贴在 4 个侧面。应由生产单位在货物出厂前打标，出厂后如改换包装，应由改换包装单位打标。

18. 什么是化学品安全标签?

化学品安全标签是指化学品在市场上流通时，由生产、销售单位提供的附在化学品包装上的安全标签。安全标签是用于标示化学品所具有的危险性和安全注意事项的一组文字、象形图和编码组合，它可粘贴、挂拴或喷印在化学品的外包装或容器上。

化学品安全标签主要是对市场上流通的化学品通过加贴标签的形式进行危险性标识，提出安全使用注意事项，向作业人员传递安全信息，以预防和减少化学品危害，达到保障安全和健康的目的。准确使用化学品安全标签是预防和控制化学品危害的基本措施之一。

19. 化学品安全标签的主要内容有哪些？

《化学品安全标签编写规定》（GB 15258—2009）规定，化学品安全标签应包括化学品标识、象形图、信号词、危险性说明、防范说明、供应商标识、应急咨询电话、资料参阅提示语等。

（1）化学品标识。用中文和英文分别标明化学品的化学名称或通用名称。名称要求醒目清晰，位于标签的上方，并与化学品安全技术说明书中的名称一致。对混合物，应标出对其危险性分类有贡献的主要组分的化学名称或通用名、浓度或浓度范围。当需要标出的组分较多时，组分个数以不超过 5 个为宜。对于属于商业机密的成分，可以不标明，但应列出其危险性。

（2）象形图。象形图应符合相关国家标准的规定。

（3）信号词。根据化学品的危险程度和类别，用“危险”“警告”两个词分别进行危害程度的警示。信号词位于化学品名称的下方，要求醒目、清晰。根据相关国家标准，选择相应类别化学品的信号词。

（4）危险性说明。危险性说明用于简要概述化学品的危险特性，居信号词下方。根据相关国家标准，选择相应类别化学品的危险性说明。

（5）防范说明。防范说明表述化学品在处置、搬运、储存和使用作业过程中所必须注意的事项和发生意外时简单有效的救护措施等，要求内容简明扼要、重点突出。该部分应包括安全预防措施、意外情况（如泄漏、人员接触或火灾等）的处理、安全储存措施及废弃处置等内容。

（6）供应商标识。供应商标识包括供应商名称、地址、邮编和电话等。

（7）应急咨询电话。填写化学品生产商或生产商委托的 24 h 化学品事故应急咨询电话。国外进口化学品安全标签上应至少有一家中国境内的 24 h 化学品事故应急咨询电话。

（8）资料参阅提示语。资料参阅提示语提示化学品用户应参阅化学品安全技术说明书。

当某种化学品具有两种及两种以上的危险性时，安全标签的象形图、信号词、危险性说明的先后顺序规定如下：

（1）象形图的先后顺序。对于物理危险，其象形图的先后顺序应根据《危险货物品名表》（GB 12268—2012）中的主次危险性确定。未列入《危险货物品名表》（GB 12268—2012）的化学品，以下危险性类别的危险性总是主危险性：爆炸物、易燃气体、气溶胶、氧化性气体、加压气体、自反应物质和混合物、自燃和自热物质、有机过氧化物。其他主危险性按照联合国《关于危险货物运输的建议书规章范本》中危险性先后顺序确定方法确定。对于健康危害，按照以下先后顺序：如果使用了骷髅和交叉骨图形符号，则不应出现感叹号图形符号；如果使用了腐蚀图形符号，则不应用感叹号图形符号来表示对皮肤/眼睛的刺激；如果使用了呼吸致敏物的健康危害图形符号，则不应用感叹号图形符号来表示皮肤致敏物或者对皮肤/眼睛的刺激。

（2）信号词先后顺序。存在多种危险性时，如果在安全标签上选用了信号词“危险”，则不应出现信号词“警告”。

（3）危险性说明先后顺序。所有危险性说明都应当出现在安全标签上，按物理危险、健康危害、环境危害顺序排列。

对于小于或等于 100 mL 的化学品小包装，为方便标签使用，安全标签要素可以简化，包括化学品标识、象形图、信号词、危险性说明、应急咨询电话、供应商名称及联系电话、资料参阅提示语即可。化学品安全标签样例及简化标签样例如图 1–1 和图 1–2 所示。

化学品名称　A组分：40%；B组分：60%

危　险

极易燃液体和蒸气，食入致死，对水生生物毒性非常大

【预防措施】

· 远离热源、火花、明火、热表面。使用不产生火花的工具作业。

· 保持容器密闭。

· 采取防止静电措施，容器和接收设备接地、连接。

· 使用防爆电器、通风、照明及其他设备。

· 戴防护手套、防护眼镜、防护面罩。

· 操作后彻底清洗身体接触部位。

· 作业场所不得进食、饮水或吸烟。

· 禁止排入环境。

【事故响应】

· 如皮肤（或头发）接触：立即脱掉所有被污染的衣服。用水冲洗皮肤、淋浴。

· 食入：催吐，立即就医。

· 收集泄漏物。

· 火灾时，使用干粉、泡沫、二氧化碳灭火。

【安全储存】

· 在阴凉、通风良好处储存。

· 上锁保管。

【废弃处置】

· 本品或其容器采用焚烧法处置。

请参阅化学品安全技术说明书

供应商：××××××××××××××××××××××　　电话：××××××

地　址：××××××××××××××××××××××　　邮编：××××××

化学事故应急咨询电话：××××××

图 1–1　化学品安全标签样例

图 1-2　简化标签样例

20. 如何使用化学品安全标签?

（1）固定与放置方法如下：

1）安全标签应粘贴、挂拴或喷印在化学品包装或容器的明显位置。

2）当与运输标志组合使用时，运输标志可以放在安全标签的另一版面，使之与其他信息分开，也可放在包装上靠近安全标签的位置。后一种情况下，若安全标签中的象形图与运输标志重复，应删掉安全标签中的象形图。

3）对组合容器，要求内包装加贴（挂）安全标签，外包装上加贴运输象形图，如果不需要运输标志，可以加贴安全标签。

（2）位置。安全标签的粘贴、喷印位置规定如下：

1）桶、瓶形包装：位于桶、瓶侧身。

2）箱状包装：位于包装端面或侧面明显处。

3）袋、捆包装：位于包装明显处。

（3）使用注意事项如下：

1）安全标签的粘贴、挂拴或喷印应牢固，保证在运输、储存期间不脱落，不损坏。

2）安全标签应由生产企业在货物出厂前粘贴、挂拴或喷印。若要改换包装，则由改换包装单位重新粘贴、挂拴或喷印标签。

3）盛装化学品的容器或包装，在经过处理并确认其危险性完全消除之后，方可撕下安全标签，否则不能撕下相应的标签。

21. 化学品安全标签与相关标签的协调关系有哪些？

安全标签是从安全管理的角度提出的，但化学品在进入市场时还需要有工商标签，在运输时应有危险货物包装标志等。

为使安全标签和工商标签、包装标志之间减少重复，可将安全标签所要求的 UN 编号[①]和 CN 编号[②]与运输标志合并，将名称、化学成分及组成、批号、生产厂（公司）名称、地址、邮编、电话等与工商标签的重复内容合二为一，使 3 种标签有机融合，形成一个整体。

22. 化学品安全标签相关各方的责任有哪些？

（1）生产企业。生产企业必须确保本企业生产的化学品在出厂时，每个容器或每层包装上加贴符合国家标准的安全标签，使在化学品供应和使用的每一阶段，均能在容器或包装上看到化学品的标签。

（2）使用单位。使用单位使用的化学品应有安全标签，并应对

① UN 编号指联合国危险品运输编号，是联合国危险货物运输专家委员会对危险货物制定的编号。

② CN 编号指《危险货物品名表》（GB 12268—2012）规定的危险货物编号。

包装上的安全标签进行核对。若安全标签脱落或损坏，经检查确认后应立即补贴。

（3）经销单位。经销单位经销的化学品必须具有安全标签，进口的危险化学品必须具有符合我国标签标准的中文安全标签。

（4）运输单位。对无安全标签的危险品，一律不能承运。

23. 化学品安全技术说明书主要包括哪些内容?

化学品安全技术说明书是包括化学品燃爆、毒性、环境危害，以及安全使用、泄漏应急处置、主要理化参数、法律法规等方面信息的综合性文件。

《化学品安全技术说明书　内容和项目顺序》（GB/T 16483—2008）规定，化学品安全技术说明书（SDS）提供化学品（物质或混合物）在安全、健康和环境保护等方面的信息，推荐防护措施和紧急情况下的应对措施。

化学品安全技术说明书（SDS）包括以下16部分内容：

（1）化学品及企业标识。该部分主要标明化学品的名称，该名称应与安全标签上的名称一致，建议同时标注供应商的产品代码。

（2）危险性概述。该部分应标明化学品主要的物理和化学危险性信息，以及对人体健康和环境影响的信息。如果该化学品存在某些特殊的危险性质，也应在此处说明。

（3）成分/组成信息。该部分应注明该化学品是纯净物还是混合物。

（4）急救措施。该部分应说明必要时应采取的急救措施及应避免的行动，此处填写的文字应该易于被受害人和（或）施救者理解。根据不同的接触方式，将信息细分为吸入、皮肤接触、眼睛接触和食入。

（5）消防措施。该部分应说明合适的灭火方法和灭火剂，如有不合适的灭火剂也应在此处标明。应标明化学品的特殊危险性（如产品是危险的易燃品）、特殊灭火方法及保护消防人员的特殊防护装备。

（6）泄漏应急处理。该部分应包括以下信息：

1）作业人员防护措施、防护装备和应急处置程序。

2）环境保护措施。

3）泄漏化学品的收容、清除方法及所使用的处置材料。

4）防止发生次生危害的预防措施。

（7）操作处置与储存。该部分应包括以下信息：

1）操作处置。应描述安全处置注意事项，包括防止化学品与人员接触、防止发生火灾和爆炸、提供局部或全面通风、防止形成气溶胶和粉尘的技术措施等，还应包括防止直接接触不相容物质或混合物的特殊处置注意事项。

2）储存。应描述安全储存的条件（适合的储存条件和不适合的储存条件）、安全技术措施、同禁配物隔离储存的措施、包装材料信息（建议的包装材料和不建议的包装材料）。

（8）接触控制和个体防护。列明容许浓度，如职业接触限值或生物限值；列明减少接触的工程控制方法，该信息是对上一部分内容的进一步补充。

（9）理化特性。该部分应提供以下信息：

1）化学品的外观与性状，如物态、形状和颜色。

2）气味。

3）酸碱度值，并指明浓度。

4）熔点/凝固点。

5）沸点、初沸点和沸程。

6）闪点。

7）燃烧上、下极限或爆炸极限。

8）蒸气压。

9）蒸气密度。

10）密度/相对密度。

（10）稳定性和反应性。该部分应描述化学品的稳定性和在特定条件下可能发生的危险反应。

（11）毒理学信息。该部分应全面、简洁地描述使用者接触化学品后产生的各种毒性作用（健康影响）。

（12）生态学信息。该部分提供化学品的环境影响、环境行为和归宿方面的信息。

（13）废弃处置。该部分包括为保障安全和有利于环境保护而推荐的废弃处置方法信息。这些处置方法适用于化学品（残余废弃物），也适用于任何受污染的容器和包装。

（14）运输信息。该部分包括国际运输法规规定的编号与分类信息，这些信息应根据不同的运输方式（如陆运、海运和空运）进行区分。

（15）法规信息。该部分应标明使用该 SDS 的国家或地区中，管理该化学品的法规名称。

（16）其他信息。该部分应进一步提供上述各项未包括的其他重要信息。

24. 危险化学品重大危险源管理的基本规定有哪些?

《危险化学品生产企业安全生产许可证实施办法》规定，企业应当依据《危险化学品重大危险源辨识》（GB 18218—2018）对本企业的生产、储存和使用装置、设施或者场所进行重大危险源辨识。

《危险化学品安全管理条例》规定，危险化学品生产装置或者储存数量构成重大危险源的危险化学品储存设施（运输工具加油站、加气站除外），与下列场所、设施、区域的距离应当符合国家有关规定：

（1）居住区以及商业中心、公园等人员密集场所。

（2）学校、医院、影剧院、体育场（馆）等公共设施。

（3）饮用水源、水厂以及水源保护区。

（4）车站、码头（依法经许可从事危险化学品装卸作业的除外）、机场以及通信干线、通信枢纽、铁路线路、道路交通干线、水路交通干线、地铁风亭以及地铁站出入口。

（5）基本农田保护区、基本草原、畜禽遗传资源保护区、畜禽规模化养殖场（养殖小区）、渔业水域以及种子、种畜禽、水产苗种生产基地。

（6）河流、湖泊、风景名胜区、自然保护区。

（7）军事禁区、军事管理区。

（8）法律、行政法规规定的其他场所、设施、区域。

已建的危险化学品生产装置或者储存数量构成重大危险源的危险化学品储存设施不符合上述规定的，由所在地设区的市级人民政府应急管理部门会同有关部门监督其所属单位在规定期限内进行整改；需要转产、停产、搬迁、关闭的，由本级人民政府决定并组织实施。储存数量构成重大危险源的危险化学品储存设施的选址，应当避开地震活动断层和容易发生洪灾、地质灾害的区域。

25. 危险化学品重大危险源辨识与评估的基本规定有哪些？

根据《危险化学品重大危险源监督管理暂行规定》，危险化学品重大危险源的辨识与评估应符合以下要求：

（1）危险化学品单位应当按照《危险化学品重大危险源辨识》（GB 18218—2018），对本单位的危险化学品生产、经营、储存和使用装置、设施或者场所进行重大危险源辨识，并记录辨识过程与结果。

（2）危险化学品单位应当对重大危险源进行安全评估并确定重大危险源等级。危险化学品单位可以组织本单位的注册安全工程师、技术人员或者聘请有关专家进行安全评估，也可以委托具有相应资质的安全评价机构进行安全评估。依照法律、行政法规的规定，危险化学品单位需要进行安全评价的，重大危险源安全评估可以与本单位的安全评价一起进行，以安全评价报告代替安全评估报告，也可以单独进行重大危险源安全评估。重大危险源根据其危险程度，分为一级、二级、三级和四级，一级为最高级别。

（3）重大危险源有下列情形之一的，应当委托具有相应资质的安全评价机构，按照有关标准的规定采用定量风险评价方法进行安全评估，确定个人和社会风险值：

1）构成一级或者二级重大危险源，且毒性气体实际存在（在线）量与其在《危险化学品重大危险源辨识》（GB 18218—2018）中规定的临界量比值之和大于或等于 1 的。

2）构成一级重大危险源，且爆炸品或液化易燃气体实际存在（在线）量与其在《危险化学品重大危险源辨识》（GB 18218—2018）中规定的临界量比值之和大于或等于 1 的。

（4）重大危险源安全评估报告应当客观公正、数据准确、内容完整、结论明确、措施可行，并包括下列内容：

1）评估的主要依据。

2）重大危险源的基本情况。

3）事故发生的可能性及危害程度。

4）个人风险和社会风险值（仅适用于定量风险评价方法）。

5）可能受事故影响的周边场所、人员情况。

6）重大危险源辨识、分级的符合性分析。

7）安全管理措施、安全技术和监控措施。

8）事故应急措施。

9）评估结论与建议。

危险化学品单位以安全评价报告代替安全评估报告的，其安全评价报告中有关重大危险源的内容应当符合有关规定的要求。

（5）有下列情形之一的，危险化学品单位应当对重大危险源重新进行辨识、安全评估及分级：

1）重大危险源安全评估已满 3 年的。

2）构成重大危险源的装置、设施或者场所进行新建、改建、扩建的。

3）危险化学品种类、数量、生产、使用工艺或者储存方式及重要设备、设施等发生变化，影响重大危险源级别或者风险程度的。

4）外界生产安全环境因素发生变化，影响重大危险源级别和风险程度的。

5）发生危险化学品事故造成人员死亡，或者 10 人以上受伤，或者影响到公共安全的。

6）有关重大危险源辨识和安全评估的国家标准、行业标准发生变化的。

26. 危险化学品重大危险源安全管理的基本要求有哪些?

（1）危险化学品单位应当建立并完善重大危险源安全管理规章制度和安全操作规程，并采取有效措施保障其得到执行。

（2）危险化学品单位应当根据构成重大危险源的危险化学品种类、数量、生产、使用工艺（方式）或者相关设备、设施等实际情况，按照下列要求建立健全安全监测监控体系，完善控制措施：

1）重大危险源配备温度、压力、液位、流量、组分等信息的不间断采集和监测系统以及可燃气体和有毒有害气体泄漏检测报警装置，并具备信息远传、连续记录、事故预警、信息存储等功能；一级或者二级重大危险源，具备紧急停车功能。记录的电子数据保存时间不少于 30 天。

2）重大危险源的化工生产装置装备满足安全生产要求的自动化控制系统；一级或者二级重大危险源，装备紧急停车系统。

3）对重大危险源中的毒性气体、剧毒液体和易燃气体等重点设施，设置紧急切断装置；毒性气体的设施设置泄漏物紧急处置装置。涉及毒性气体、液化气体、剧毒液体的一级或者二级重大危险源，配备独立的安全仪表系统（SIS）。

4）重大危险源中储存剧毒物质的场所或者设施，设置视频监控系统。

5）安全监测监控系统符合国家标准或者行业标准的规定。

（3）通过定量风险评价确定的重大危险源的个人和社会风险值，不得超过规定的个人和社会可容许风险限值标准。超过个人和社会可容许风险限值标准的，危险化学品单位应当采取相应的降低风险措施。

（4）危险化学品单位应当按照国家有关规定，定期对重大危险源的安全设施和安全监测监控系统进行检测、检验，并进行经常性维护、保养，保证重大危险源的安全设施和安全监测监控系统有效、可靠运行。维护、保养、检测应当做好记录，并由有关人员签字。

（5）危险化学品单位应当明确重大危险源中关键装置、重点部位的责任人或者责任机构，并对重大危险源的安全生产状况进行定期检查，及时采取措施消除事故隐患。事故隐患难以立即消除的，应当及时制定治理方案，落实整改措施、责任、资金、时限和预案。

（6）危险化学品单位应当对重大危险源的管理和操作岗位人员进行安全操作技能培训，使其了解重大危险源的危险特性，熟悉重大危险源安全管理规章制度和安全操作规程，掌握本岗位的安全操作技能和应急措施。

（7）危险化学品单位应当对辨识确认的重大危险源及时、逐项进行登记建档。重大危险源档案应当包括下列文件、资料：

1）辨识、分级记录。

2）重大危险源基本特征表。

3）涉及的所有化学品安全技术说明书。

4）区域位置图、平面布置图、工艺流程图和主要设备一览表。

5）重大危险源安全管理规章制度和安全操作规程。

6）安全监测监控系统、措施说明及检测、检验结果。

7）重大危险源事故应急预案、评审意见、演练计划和评估报告。

8）安全评估报告或者安全评价报告。

9）重大危险源关键装置、重点部位的责任人、责任机构名称。

10）重大危险源场所安全警示标志的设置情况。

11）其他文件、资料。

危险化学品单位在完成重大危险源安全评估报告或者安全评价报告后 15 日内，应当填写重大危险源备案申请表，连同规定的重大危险源档案材料，报送所在地县级人民政府应急管理部门备案。县级人民政府应急管理部门应当每季度将辖区内的一级、二级重大危险源备案材料报送至设区的市级人民政府应急管理部门。设区的市级人民政府应急管理部门应当每半年将辖区内的一级重大危险源备案材料报送至省级人民政府应急管理部门。危险化学品单位对重大危险源重新进行辨识、安全评估及分级的，应当及时更新档案，并向所在地县级人民政府应急管理部门重新备案。

（8）危险化学品单位新建、改建和扩建危险化学品建设项目，应当在建设项目竣工验收前完成重大危险源的辨识、安全评估和分级、登记建档工作，并向所在地县级人民政府应急管理部门备案。

27. 化工企业常见事故原因有哪些？

化工企业常见事故原因与生产特点、生产过程所存在的危险性直接相关。

（1）直接原因。一是物或环境的不安全状态，如防护、保险、信号等装置缺乏或有缺陷，设备、设施、工具、附件有缺陷，劳动防护用品、用具缺乏或有缺陷，生产（施工）场地环境不良等；二是人的不安全行为，如操作错误造成安全装置失效，使用不安全设备，手代替工具操作，物体存放不当，冒险进入危险场所，违反操作规程，有分散注意力的行为，忽视劳动防护用品、用具的使用，不安全着装等。

（2）间接原因。生产技术和设计有缺陷；工业构件、建筑物、机械设备、仪器仪表、工艺过程、操作方法、维修检验等的设计、施工和材料使用存在问题；企业对作业人员的安全教育和培训不够，作业人员缺乏或不懂安全操作技术知识；企业劳动组织不合理，对现场工作缺乏检查或指导错误；企业没有制定安全操作规程或安全管理制度不健全；企业没有或不认真实施事故防范措施，对事故隐患整改不力等。

（3）其他原因。除此之外，制造缺陷、化学腐蚀、管理缺陷、纪律松弛等因素也会导致事故发生。

28. 化工行业应重点关注的职业病危害有哪些？

（1）化工生产过程中的刺激性毒物常损害呼吸系统，严重时可引发肺水肿。

（2）氰化物、砷、硫化氢、一氧化碳、醋酸铵、有机氟等易引起中毒性休克。

（3）砷、锑、钡、有机汞、三氯乙烷、四氯化碳等易引起中毒性心肌炎。

（4）黄磷、四氯化碳、三硝基甲苯、三硝基氯苯等可引起肝损伤。

（5）重金属盐可造成中毒性肾损伤。

（6）窒息性气体、刺激性气体以及亲神经毒物均可引起中毒性脑水肿。

（7）苯的慢性中毒主要损害心血管系统，表现为白细胞、血小板减少及贫血，严重时会出现再生障碍性贫血。

（8）汞、铅、锰等可引起严重的中枢神经系统损害。

橡胶行业、石油行业、印染行业、油漆涂料行业还多发职业性肿瘤。

29. 爆炸品的危险特性有哪些?

对撞击、摩擦、温度等非常敏感的爆炸品爆炸所需的最小起爆能称为该爆炸品的感度。摩擦、撞击、振动、高热都有可能给爆炸品爆炸提供足够的起爆能。所以，对于爆炸品而言，必须严格远离发热源，并避免发生剧烈撞击和摩擦，做到轻拿轻放。火药、炸药、各类弹药、含氮量大于 12.5%（质量分数）的硝酸酯类、含高氯酸大于 72%（质量分数）的高氯酸盐类爆炸品，对撞击、摩擦、温度等非常敏感。

梯恩梯、硝化甘油、苦味酸、雷汞等爆炸品本身具有一定的毒性，它们爆炸时会产生一氧化碳、二氧化碳、一氧化氮、二氧化氮、氰化氢、氮气等有毒或窒息性气体，造成人员中毒、窒息和环境污染。

有些爆炸品与某些化学品（如酸、碱、盐、金属）反应可能生成更容易爆炸的化学品。例如，苦味酸遇某些碳酸盐会生成更易爆炸的苦味酸盐，苦味酸受铜、铁等金属撞击可立即发生爆炸。

易产生或积聚静电的爆炸品大多是电的不良导体，在包装、运输过程中容易产生静电，一旦发生静电放电也可引起爆炸。

30. 爆炸品的安全事项有哪些?

（1）包装。包装的材料应与所装爆炸品的性质不相抵触，严密、耐压、防震，并有良好的隔热作用，单件包装应符合有关包装的规定。

（2）装卸与搬运。在爆炸品的装卸与搬运过程中，开关车门、车窗不得使用铁撬棍、铁钩等铁质工具，必须使用时，应选用具有防火花涂层等防护措施的工具。装卸与搬运时，不准穿带铁钉的鞋，使用铁轮、铁铲头推车和叉车的，应有防火花措施。禁止使用可能引发火花的机具设备，照明应使用防爆灯具。

（3）存放与保管。爆炸品必须存放于库房内，库房应有避雷装置、防爆灯具及低压防爆开关。库房应由专人负责看管，库内应保持清洁，并隔绝热源与火源，当温度在 40 ℃以上时，要采取通风和降温措施。爆炸品的堆垛间及堆垛与墙壁之间应有 0.5 m 以上的间隔。库存物要避免日光直晒。

（4）洒（撒）漏处理。洒（撒）漏的爆炸品应及时用水润湿，并用松软物轻轻收集。禁止将收集的洒（撒）漏爆炸品装入原包装内。

31. 压缩气体和液化气体的危险特性有哪些?

（1）易燃易爆性。超过半数的压缩气体和液化气体具有易燃易爆性。易燃气体一旦点燃，在极短的时间内就能全部燃尽，爆炸风险很大，灭火难度很大。

（2）流动扩散性。压缩气体和液化气体能自发地充满任何容器，易扩散。例如，大多数易燃气体的密度大于空气，可以远距离扩散，并飘到地表、沟渠、隧道、厂房死角等处，长时间积聚不散，遇火源会发生燃烧或爆炸，扩大火势。

（3）受热膨胀性。存于钢瓶中的压缩气体和液化气体通常具有较高的气压，过度受热将导致瓶内气压大幅攀升，一旦气压超过了容器的耐压强度，就会导致容器破裂而发生物理性爆炸，酿成火灾或中毒等事故。

（4）易产生或积聚静电。压缩气体和液化气体从管口或破损处高速喷出时，由于强烈的摩擦作用，会产生静电。

（5）腐蚀毒害性。除氧气和压缩空气外，压缩气体和液化气体大多具有一定的毒害性和腐蚀性。

（6）窒息性。压缩气体和液化气体都有窒息危险性，一旦发生泄漏，若不采取相应的通风措施，会使人窒息死亡。

（7）氧化性。具有氧化危险性的压缩气体和液化气体主要有两种：一种是助燃气体，如氧气；另一种是有毒气体，本身不燃，但氧化性很强，与可燃气体混合后能发生燃烧或爆炸，如氯气。

32. 压缩气体和液化气体的安全事项有哪些?

（1）包装。盛装此类货物的气瓶必须按规定达到安全标准，严禁超量灌装、超温、超压。

（2）装卸与搬运。在储存、运输和使用过程中，一定要注意采取有效的防火、防晒、隔热措施。

（3）存放和保管。应存放于阴凉、通风的场所，防止日光暴晒，严禁受热、油类污染，远离热源、火种。当库内温度超过 40 ℃时，应采取通风降温措施。气瓶平卧放置时，堆垛不得超过 5 层，瓶口朝向相同，瓶身应填塞妥实，防止滚动；立放时应放置稳固，最好用框架或栅栏围护固定，防止倾倒，并留出通道。

（4）泄漏处理。气瓶的消防阀门松动漏气时，应立即拧紧，如无法拧紧，可将气瓶浸入冷水或石灰水中（氨气瓶只能浸入水中）。液化气体容器破裂时，应立即将裂口部位朝上放置。

33. 易燃液体的危险特性有哪些?

（1）易燃性。易燃液体蒸气压较大，容易挥发出足以与空气混合形成可燃混合物的蒸气，其着火所需的能量极小，遇火源、受热以及与氧化剂接触都有发生燃烧的危险。

（2）爆炸性。当易燃液体挥发出的蒸气与空气混合形成的可燃混合物达到爆炸极限时，可燃混合物就转化成爆炸性混合物，一旦点燃就会发生爆炸。

（3）热膨胀性。易燃液体的膨胀系数比较大，储存于密闭容器中的易燃液体受热后体积膨胀，若膨胀产生的压力超过容器的耐压强度，就会造成容器膨胀甚至爆裂，在容器爆裂时会产生火花而引起燃烧或爆炸。

（4）流动扩散性。液体具有流动扩散性，易燃液体泄漏后扩大的表面积使其能够源源不断地挥发，形成密度比空气大且易积聚的易燃蒸气，从而增加了燃烧、爆炸的危险性。

（5）易产生或积聚静电。易燃液体的流动性，使其可与不同性质的物体（如容器壁）在相互摩擦或接触时积聚静电，当静电积聚到一定程度时就会放电，产生静电放电火花而引起可燃性蒸气混合物的燃烧或爆炸。

（6）有毒。大多数易燃液体及其蒸气均具有不同程度的毒害性，吸入后能引起急、慢性中毒。

34. 易燃固体的危险特性有哪些?

（1）燃点较低。易燃固体（如镁、铝粉、硫黄、樟脑等）的燃点比较低，一般在 300 ℃以下，在常温下遇到能量很小的着火源就能被点燃。

（2）爆炸性。易燃固体燃烧时会产生大量气体，导致密闭空间内气体迅速膨胀而发生爆炸。易燃固体作为还原剂与酸类、氧化剂等接触时，会发生剧烈反应引起燃烧或爆炸。各种粉尘飞散到空气中，达到一定浓度后遇明火会发生粉尘爆炸。

（3）有些易燃固体受到摩擦、撞击、振动会引起剧烈、连续的燃烧或爆炸。

（4）本身或其燃烧产物有毒或腐蚀性。有些易燃固体本身具有毒害性，燃烧时可能产生有毒气体和蒸气；有些易燃固体在燃烧时会产生大量的有毒气体或腐蚀性的物质，毒害性较大。

（5）遇湿易燃性。部分易燃固体不仅具有遇火受热的易燃性，而且还具有遇湿易燃性。

（6）自燃性。易燃固体中的赛璐珞、硝化棉及其制品在积热不散条件下易自燃起火。

35. 易燃固体的安全事项有哪些？

（1）包装。盛装遇空气或潮气能发生反应的物质，其容器须气密封口。

（2）装卸与搬运。作业时要注意轻拿轻放，远离火种和热源，避免摔碰、撞击、拖拉、摩擦、翻滚等外力作用，防止容器或包装破损。

（3）存放与保管。易燃固体应存放于阴凉、通风、干燥的场所，防止日晒，隔绝热源和火种，与酸类、氧化剂等其他性质相抵触的物质必须隔离存放。

（4）洒（撒）漏处理。洒（撒）漏的物品应谨慎收集、妥善处理。

36. 氧化剂的危险特性有哪些?

（1）氧化性。具有氧化性或助燃性的物质与还原性物质接触时可发生剧烈的放热反应，表现出很强的氧化性。这些氧化剂虽然本身不能燃烧，但能够放出氧气或其他助燃的气体。

（2）受热分解性。氧化剂本身性质不稳定，在受到热冲击（包括明火、撞击、振动、摩擦）时可能会迅速分解出氧原子并产生大量的气体和热量。

（3）可燃性。有机硝酸盐类具有可燃性并能酿成火灾。

（4）自燃性。与可燃液体作用的自燃性氧化剂的化学性质活泼，能与一些可燃液体发生氧化放热反应而自燃。

（5）与酸作用的分解性。大多数氧化剂在酸性条件下氧化性更强，甚至会燃烧或爆炸。

（6）与水作用的分解性。大多数氧化剂具有不同程度的吸水性，吸水后会溶化、流失或变质。

（7）强氧化剂与弱氧化剂作用的分解性。强氧化剂与弱氧化剂相互接触能发生复分解反应，产生高热而燃烧或爆炸。

（8）有毒和腐蚀性。氧化剂通常具有很强的腐蚀性，不仅能灼伤皮肤，还能致人中毒。

37. 氧化剂和有机过氧化物的安全事项有哪些?

（1）包装。包装和衬垫材料应与所装物性质不相抵触。

（2）装卸与搬运。在装卸时，应特别注意它们的氧化性和着火、爆炸并存的双重危险性。为了保障安全，在运输某些氧化剂和有机过氧化物时必须加入稳定剂来退敏。

（3）存放与保管。氧化剂及有机过氧化物应单独存放与保管，存放的仓库应保持阴凉、通风，避免日晒、受潮、受热，远离酸类和可燃物。

（4）洒（撒）漏处理。氧化剂和有机过氧化物洒（撒）漏时，应先扫除干净，再用水冲洗。

38. 有毒品的危险特性有哪些？

（1）毒性。毒性是有毒品最显著的特性。

（2）遇水、遇酸反应性。大多数有毒品遇酸会分解出有毒气体或烟雾，有些有毒气体还具有易燃和自燃危险性，有些遇水甚至会发生爆炸。

（3）氧化性。有些有毒品具有氧化性，一旦与还原性强的物质接触，容易发生燃烧或爆炸，并产生毒性极强的气体。

（4）易燃易爆性。许多有机有毒品具有易燃性，能与氧化剂发生反应，遇明火会发生燃烧或爆炸，产生有毒气体或烟雾。

39. 有毒品的安全事项有哪些？

（1）包装。易挥发的液态有毒品容器应气密封口，其他的液态有毒品应液密封口；盛装固态有毒品的容器应严密封口，以防止包装破损。

（2）装卸与搬运。有毒品装卸车前应先行通风。

（3）存放与保管。有毒品应存放在阴凉、通风、干燥的库内，不得露天存放。

（4）洒（撒）漏的处理。固态有毒品洒（撒）漏时，应谨慎收集；液态有毒品渗漏时，可先用沙土、锯末等物吸收，妥善处理。被有毒品污染的机具、车辆及仓库地面，应及时洗刷除污。

40. 腐蚀品的危险特性有哪些?

（1）毒性。多数腐蚀品有不同程度的毒性，有些甚至是剧毒品。很多腐蚀品可以产生有毒气体和蒸气，造成人体中毒。

（2）易燃性。很多腐蚀品特别是有机腐蚀品具有易燃性。

（3）氧化性。有些腐蚀品本身虽然不具有可燃性，但具有较强的氧化性，是氧化性很强的氧化剂，当它与某些可燃物接触时有着火或爆炸的危险。

（4）遇水猛烈分解性。有些腐蚀品遇水会发生猛烈的分解放热反应，有时还会释放出有害的腐蚀性气体，有可能引燃邻近的可燃物，甚至引发爆炸事故。

41. 腐蚀品的安全事项有哪些?

（1）包装。应选用耐腐蚀的容器，并按所装物品状态采用气密封口、液密封口或严密封口，防止泄漏、潮解等。外包装必须坚固。

（2）装卸与搬运。作业前应穿戴耐腐蚀的劳动防护用品。对于易散发有毒蒸气或烟雾的腐蚀品装卸作业，还应备有防毒面具。

（3）存放与保管。应存放在清洁、通风、阴凉、干燥的场所，防止日晒、雨淋。

（4）洒（撒）漏处理。发现液体酸性腐蚀品洒（撒）漏，应及时撒上干沙土，清除干净后，再用水冲洗污染处；大量酸液溢漏时，可用石灰水中和。

42. 危险化学品的爆炸类型有哪些?

危险化学品的爆炸可按爆炸反应物质分为简单分解爆炸、复杂分解爆炸和爆炸性混合物爆炸。

（1）简单分解爆炸。发生简单分解爆炸的爆炸物，在爆炸时并不一定发生燃烧反应，其爆炸所需要的热量是由爆炸物本身分解产生的。这类爆炸物有乙炔银、叠氮铅等，这些物质受轻微振动即可能引起爆炸，十分危险。此外，有些可爆炸气体在一定条件下，特别是在受压情况下，能发生简单分解爆炸。

（2）复杂分解爆炸。这类爆炸物的危险性较简单分解爆炸物稍低，其爆炸时伴有燃烧现象，燃烧所需的氧由其自身分解产生，如梯恩梯、黑索金等。

（3）爆炸性混合物爆炸。所有可燃性气体、蒸气、液体雾滴及粉尘与空气（氧）的混合物发生的爆炸均属此类爆炸。这类爆炸就是可燃物与助燃物按一定比例混合后遇具有足够能量的点火源发生的带有冲击力的快速燃烧。

43. 危险化学品的燃烧、爆炸过程有哪些?

（1）燃烧过程。除了一些熔点较高的无机固体外，可燃物质的燃烧一般在气相中进行。物质的状态不同，其燃烧过程也不相同。

1）相对于可燃固体和液体，可燃气体最易燃烧，燃烧所需要的热量只用于本身的氧化分解，并使其达到着火点。气体在极短的时间内就能全部燃尽，是一种快速燃烧。

2）可燃液体在点火源作用下，先蒸发成蒸气，而后氧化分解进行燃烧。

3）固体燃烧一般有两种情况：对于硫、磷等简单物质，受热时首先熔化，而后蒸发为蒸气进行燃烧，无分解过程；对于复合物质，受热时可能首先分解成其组成部分，生成气态和液态产物，之后气态产物和液态产物的蒸气着火燃烧。

（2）气体分解爆炸。某些单一成分的气体，在一定温度、一定压力下会发生分解爆炸。这主要是由物质的分解热引起的。因此，发生分解爆炸并不一定需要助燃性气体存在。在高压下容易发生分解爆炸的气体，当压力低于某数值时，则不会发生分解爆炸，这个压力称为分解爆炸的临界压力。各种具有分解爆炸特性的气体的临界压力是不同的。例如，乙炔分解爆炸的临界压力为 1.4 MPa。

（3）粉尘爆炸。粉尘和空气的混合物发生爆炸的过程如下：

1）热能作用于粒子表面，使温度逐渐上升。

2）粒子表面的分子发生热分解或干馏作用，在粒子周围产生可燃气体。

3）产生的可燃气体与空气混合形成爆炸性混合气体，同时发生燃烧。

4）由燃烧产生的热进一步促进粉尘分解，燃烧连续传播，在适合条件下发生爆炸。

上述过程是在瞬间完成的。

（4）蒸气云爆炸。蒸气云爆炸应具备以下 3 个条件：

1）泄漏物必须可燃且具备适当的温度和压力。

2）必须在点燃之前即扩散阶段形成足够大的云团。如果在一个区域内发生泄漏，经过一段延迟时间形成云团后再点燃，则往往会发生剧烈的爆炸。

3）产生的足够数量的云团处于该物质的爆炸极限范围内才能产

生显著的爆炸超高压。

蒸气云团在泄漏点周围是富集区，在云团边缘是贫集区，介于两者之间的云团处于爆炸极限范围内。

44. 危险化学品燃烧与爆炸的危害有哪些?

危险化学品燃烧与爆炸的危害主要体现为高温的破坏作用、爆炸的破坏作用、造成人员中毒和导致环境污染 4 个方面。

45. 禁止标志的类型有哪些?

禁止标志是禁止人们不安全行为的图形标志。

禁止标志的基本形式是带斜杠的圆边框。其中圆环与斜杠相连，用红色；图形符号用黑色；背景用白色。

我国规定的禁止标志共有 40 个，如禁止吸烟、禁止烟火、禁止带火种、禁止用水灭火、禁止放置易燃物、禁止堆放、禁止启动、禁止合闸、禁止转动等。

46. 警告标志的类型有哪些?

警告标志是提醒人们对周围环境引起注意，以避免可能发生危险的图形标志。

警告标志的基本形式是正三角形边框、黑色符号和黄色背景。

我国规定的警告标志共有 39 个，如注意安全、当心火灾、当心爆炸、当心腐蚀、当心中毒、当心感染、当心触电、当心电缆、当心自动启动、当心机械伤人、当心塌方、当心冒顶、当心坑洞、当心落物、当心吊物、当心碰头、当心挤压、当心烫伤、当心伤手、当心夹手、当心扎脚、当心有犬、当心弧光、当心高温表面、当心低温等。

47. 指令标志的类型有哪些?

指令标志是强制人们必须做出某种动作或采用防范措施的图形标志。

指令标志的基本形式是圆形边框、蓝色背景和白色图形符号。

我国规定的指令标志共有 16 个，如必须戴防护眼镜、必须佩戴遮光护目镜、必须戴防尘口罩、必须戴防毒面具、必须戴护耳器、必须戴安全帽、必须戴防护帽、必须系安全带、必须穿救生衣、必须穿防护服等。

48. 提示标志的类型有哪些?

提示标志是向人们提供某种信息（如标明安全设施或场所等）的图形标志。

提示标志的基本形式是正方形边框、绿色背景、白色图形符号和文字。

我国规定的提示标志共有 8 个，包括紧急出口、避险处、应急避难场所、可动火区、击碎板面、急救点、应急电话、紧急医疗站。

危险化学品生产、储存安全

49. 危险化学品生产许可的基本规定有哪些?

《安全生产许可证条例》规定，国家对矿山企业、建筑施工企业和危险化学品、烟花爆竹、民用爆炸物品生产企业实行安全生产许可制度。未取得安全生产许可证的，不得从事生产活动。

《危险化学品生产企业安全生产许可证实施办法》规定，企业应当依照该办法的规定取得危险化学品安全生产许可证。未取得危险化学品安全生产许可证的企业，不得从事危险化学品的生产活动。

50. 危险化学品生产登记的基本规定及法律责任是什么?

《危险化学品生产企业安全生产许可证实施办法》规定，企业应当依法进行危险化学品登记，为用户提供化学品安全技术说明书，并在危险化学品包装（包括外包装件）上粘贴或者拴挂与包装内危险化学品相符的化学品安全标签。

《危险化学品安全管理条例》规定，危险化学品生产企业、进口企业，应当向国务院应急管理部门负责危险化学品登记的机构（以下简称危险化学品登记机构）办理危险化学品登记。

危险化学品登记包括下列内容：

（1）分类和标签信息。

（2）物理、化学性质。

（3）主要用途。

（4）危险特性。

（5）储存、使用、运输的安全要求。

（6）出现危险情况的应急处置措施。

对同一企业生产、进口的同一品种的危险化学品，不进行重复登记。危险化学品生产企业、进口企业发现其生产、进口的危险化学品有新的危险特性的，应当及时向危险化学品登记机构办理登记内容变更手续。

危险化学品生产企业、进口企业不办理危险化学品登记，或者发现其生产、进口的危险化学品有新的危险特性不办理危险化学品登记内容变更手续的，由应急管理部门责令改正，可以处5万元以下的罚款；拒不改正的，处5万元以上10万元以下的罚款；情节严重的，责令停产停业整顿。

51. 危险化学品储存登记的基本规定及法律责任是什么？

储存危险化学品的单位应当建立危险化学品出入库核查、登记制度。

对剧毒化学品以及储存数量构成重大危险源的其他危险化学品，储存单位应当将其储存数量、储存地点以及管理人员的情况，报所在地县级人民政府应急管理部门（在港区内储存的，报港口行政管理部门）和公安机关备案。

储存危险化学品的单位未建立危险化学品出入库核查、登记制度的，由应急管理部门责令改正，可以处5万元以下的罚款；拒不改正的，处 5 万元以上 10 万元以下的罚款；情节严重的，责令停产停业整顿。

52. 化工企业生产的主要特点有哪些?

化工企业生产过程中潜在的不安全因素很多，危险性和危害性很大，因此对安全生产的要求必须严格。随着化工生产技术的发展和生产规模的扩大，生产安全已经不再局限于企业自身，因为企业一旦发生有毒有害物质泄漏，不仅会造成生产人员中毒伤害事故，导致生产停顿、设备损坏，而且有可能波及社会，造成其他人员伤亡，产生无法估量的损失和难以挽回的影响。

化工企业运用化学方法从事产品生产，一方面，生产过程中的原辅料、中间产品和成品大多具有易燃易爆的特性，这些化学物质对人体存在着不同程度的危害。另一方面，与其他行业企业生产不同，化工企业生产具有易燃、易爆、高温高压、毒害性、腐蚀性、生产连续性等特点，比较容易发生泄漏、火灾、爆炸等事故，而且事故一旦发生，常常造成群死群伤的严重事故。

具体来讲，化工企业生产的特点主要有以下方面：

（1）生产原料具有特殊性。化工企业生产过程中的原辅料、中间产品和成品种类繁多，并且绝大部分是易燃易爆、有毒有害、有腐蚀性的危险化学品。这不仅对生产过程中原材料、燃料的使用、储存和运输提出较高的要求，而且对中间产品和成品的使用、储存和运输也提出了较高的要求。

（2）生产过程具有危险性。化工企业的生产过程对工艺条件要求严格甚至苛刻。有些化学反应在高温、高压下进行，有的则要在低温、高真空度下进行，在生产过程中稍有不慎，就容易发生有毒有害气体泄漏、爆炸、火灾等事故，酿成巨大的灾难。

（3）生产设备、设施具有复杂性。化工企业的一个显著特点，就是各种各样的管道纵横交错，大大小小的压力容器遍布全厂，生产过程中需要经过化合、聚合、高温、高压等程序，生产过程复杂，生产设备、设施也复杂。大量设备、设施的应用，减轻了操作人员的劳动强度，提高了生产效率，但是设备、设施一旦失控，就会造成各种事故。

（4）生产方式具有严密性。目前的化工生产方式，已经从过去落后的坛坛罐罐的手工操作、间断生产，转变为高度自动化、连续化生产；生产设备由敞开式变为密闭式；生产装置从室内走向露天；生产操作由分散控制变为集中控制，同时由人工手动操作变为仪表自动操作，进而发展为计算机控制。这就进一步要求生产方式必须严格周密，不能马虎大意，否则就会导致事故发生。

随着化工生产技术的发展，其生产的特点不仅不会改变，反而会由于科学技术的进步而进一步强化。因此，化工企业在生产和其他相关活动过程中，必须有针对性地采取积极有效的措施，加强安全管理，防范各类事故的发生，保障安全生产。

53. 化工生产事故的主要特点有哪些？

在化工企业生产中，由于各种原因，在危险化学品生产、运输、仓储、销售、使用和废弃物处置等各个环节都出现过许多重特大事故，严重损害人民的生命和财产安全。

化工生产事故有以下突出特点：

（1）大量化学物质意外排放或泄漏事故，造成的伤亡极其惨重，损失巨大。

（2）化工生产事故对人员造成的损害具有多样性。事故能够对受伤害者各器官造成暂时性或永久性的功能或器质性损害，导致急性中毒、慢性中毒或致畸，甚至会造成死亡，而且这些损害不但影响本人，也有可能影响后代。

（3）由于化工企业中各种危险化学品分布广、事故频发，因而环境污染严重，且难以彻底消除。

（4）无论企业大小、地形、气象条件如何，也无论春夏秋冬，事故随时随地都有可能发生。

（5）危险化学品种类繁多，因而当事故发生后，迅速确定是哪种物质引起的伤害十分困难，这对事故发生后的应急救援不利。

54. 加热过程中的安全事项有哪些？

温度是化工生产中最常见的控制条件之一。加热是控制温度的重要手段，其操作的关键是按规定严格控制温度的范围和升温速度。温度过高会使化学反应速度加快，若是放热反应，则放热量增加，一旦散热不及时，温度失控，就会发生冲料，甚至会引起燃烧和爆炸。

生产中常用的加热方式有直接用火加热（包括烟道气加热）、蒸汽或热水加热、有机载体或无机载体加热以及电加热等，其中以电加热最为常见。用高压蒸汽加热时，对设备耐压性要求高，要严防泄漏或与物料混合，避免造成事故。使用热载体加热时，要防止热载体循环系统堵塞，热油喷出，酿成事故。使用电加热时，电气设备要符合防爆要求。直接用火加热危险性最大，因温度不易控制，可能会造成局部过热而烧坏设备，引起易燃物质分解爆炸。当加热温度接近或超过物料的自燃点时，应采用惰性气体保护。

55. 冷却和冷凝过程中的安全事项有哪些?

（1）冷却、冷凝的操作不仅涉及原材料定额消耗以及产品生成率，而且严重影响安全生产。应当根据被冷却物料的温度、压力、理化性质以及所要求冷却的工艺条件，正确选用冷却设备和冷却剂。

（2）对于腐蚀性物料的冷却，最好选用耐腐蚀材料的冷却设备，如石墨冷却器、塑料冷却器，以及用高硅铁管、陶瓷管制成的套管冷却器和钛材料冷却器等。

（3）严格注意冷却设备的密闭性，不允许物料窜入冷却剂中，也不允许冷却剂窜入被冷却的物料（特别是酸性气体）中。

（4）冷却设备所用的冷却水不能中断。否则，反应热不能及时导出，将使反应异常，系统压力增高，甚至发生爆炸。

（5）开车前应首先清除冷凝器中的积液，再打开冷却水，然后通入高温物料。

（6）为保证不凝的可燃气体安全排空，可充氮保护。

（7）检修冷凝、冷却器时，应彻底清洗、置换，切勿带料检修。

56. 冷冻过程中的安全事项有哪些?

一般常用的冷冻压缩机由压缩机、冷凝器、蒸发器与膨胀阀 4 个基本部分组成。冷冻设备所用的压缩机以氨压缩机为主。在使用氨冷冻压缩机时，应注意以下几点:

（1）应采用不产生火花的电气设备。

（2）在压缩机出口方向，应于气缸与排气阀间设一个能使氨通到吸入管的安全装置，以防缸内压力超高。为避免管路爆裂，在旁通管路上不装任何阻气设备。

（3）易污染空气的油分离器应设于室外，压缩机要采用低温不冻结且不与氨发生化学反应的润滑油。

（4）制冷系统压缩机、冷凝器、蒸发器以及管路系统，应注意其耐压程度和气密性，防止设备、管路产生裂纹、泄漏，同时要加强安全阀、压力表等安全装置的检查、维护。

（5）制冷系统因发生事故或停电而紧急停车时，应注意其冷料的排空处理。

（6）装有冷料的设备及容器，应注意其低温材质的选择，防止低温脆裂。

57. 筛分过程中的安全事项有哪些？

（1）在筛分操作过程中，若粉尘具有可燃性，应避免因碰撞和静电而引起粉尘燃烧、爆炸。若粉尘具有毒性、吸水性或腐蚀性，要注意保护呼吸器官及皮肤，以防引起中毒或皮肤伤害。

（2）筛分操作会产生大量扬尘，在不妨碍操作、检查的前提下，应将筛分设备最大限度地进行密闭。

（3）要加强检查，注意筛网的磨损和筛孔堵塞、卡料，以防筛网损坏和混料。

（4）筛分设备的运转部分要加防护罩，以防绞伤人体。

（5）振动筛会产生噪声，应采取隔离等消声措施。

58. 粉碎过程中的安全事项有哪些？

（1）各类粉碎机都必须有紧急制动装置，必要时可超速停车。严禁对运转中的粉碎机进行检查、清理、调节和检修。如果粉碎机加料口与地面处于同一水平面或低于地面 1 m 以内时，应设安全格。

为确保安全操作，粉碎装置周围的过道宽度必须大于 1 m。操作台必须坚固，沿操作台周边应设 1 m 高的安全护栏。

（2）为防止金属物件落入粉碎装置，必须装设磁性分离器。球磨机必须安装带抽风管的严密外壳，如果研磨爆炸性物质，则内部需衬以橡胶或其他柔软材料，同时需采用青铜球。各类粉碎、研磨设备应密闭，操作室应通风良好，以减少空气中粉尘含量。

（3）发现粉碎系统中粉末阴燃或燃烧时，需立即停止送料，并采取措施断绝空气来源，必要时充入氮气、二氧化碳以及水蒸气等气体，但不宜使用加压水流或泡沫进行扑救，以免可燃粉尘飞扬，扩大事故。

59. 危险化学品混合过程中的安全事项有哪些?

（1）要根据物料性质（如腐蚀性、易燃易爆性、粒度、黏度等）正确选用设备。混合设备的桨叶要符合强度要求，安装要牢固，不允许产生摆动。在修理或改造桨叶时，应重新计算其坚牢度。

（2）搅拌黏稠物料，最好采用推进式及透平式搅拌机。为防止搅拌机超负荷运转而发生事故，应安装超负荷停车装置。

（3）对于混合操作的加、出料，应实现机械化、自动化。几种物料混合若能产生易燃易爆或有毒物质，应采用密闭性良好的混合设备，并充入惰性气体保护。

（4）搅拌过程中物料会产生热量，如果因故停止搅拌，会导致物料局部过热。因此，在安装机械搅拌装置的同时，还要辅以气流搅拌，或增设冷却装置。

（5）对于混合可燃粉料的设备，应接地以导除静电，并应在设备上安装爆破片。

60. 干燥过程中的安全事项有哪些？

（1）干燥操作分为常压或减压、连续或间断几种。用来干燥的介质有空气、烟道气等，此外还有升华干燥（冷冻干燥）、高频干燥和红外干燥。

（2）干燥过程中要严格控制温度，防止局部过热而造成物料分解爆炸。

（3）在干燥过程中散发出来的易燃易爆气体或粉尘，不应与明火和高温表面接触，防止燃爆。

（4）在气流干燥中应有防静电措施，在滚筒干燥中应适当调整刮刀与筒壁的间隙，防止产生火花。

61. 蒸发和蒸馏过程中的安全事项有哪些？

（1）为防止热敏性物质分解，可采用真空蒸发的方法，降低蒸发温度，或采用高效蒸发器，增加蒸发面积，减少停留时间。对具有腐蚀性的溶液，要合理选择蒸发器的材质。

（2）对不同的物料，应选择正确的蒸馏方法和设备。在处理难挥发的物料（常压下沸点在 150 ℃以上）时，应采用真空蒸馏的方法，以降低蒸馏温度，防止物料在高温下分解、变质或聚合。

（3）在处理中等挥发性物料（沸点为 100 ℃左右）时，采用常压蒸馏的方法。对于沸点低于 30 ℃的物料，则应采用加压蒸馏的方法。

（4）萃取蒸馏与恒沸蒸馏主要用于分离沸点接近或由恒沸物组成的、难以用普通蒸馏方法分离的混合物。

（5）分子蒸馏是一种相当于在绝对真空下进行的真空蒸馏，可以防止或减少有机物的分解。

62. 机器设备停车检修的安全事项有哪些?

（1）在检修前要先停车，停车时要注意对反应物进行降温、降量，降温、降量的速率不能太快，关闭阀门动作要轻缓。

（2）如果是高温真空设备，停车时一定要先降温，使设备内的物质温度降到其燃点以下，才允许将其压力升至常压。

（3）装置在停车时，要将设备及管道清空，排出的液体要妥善处理，不能随意排放或排入下水道，防止环境污染。

（4）在清理的时候一定要注意安全，防止中毒等事故发生。由于化工生产的特殊性，设备之间、装置之间甚至厂际之间都有管道相连接。停车检修时要考虑到如何将检修设备与其他运行系统进行隔离，只用阀门是不保险的，最安全的方法是用盲板将检修设备与其他运行系统隔离，装置开车前再将盲板去除。

63. 防火、防爆检测报警系统的作用有哪些?

（1）利用火灾探测器探测火灾。火灾探测器是火灾自动报警系统的重要组成部分，也叫探头或敏感头。它的任务是探测火灾的发生，向报警系统发送火灾信号。

（2）监测可燃性气体或蒸气浓度。为了防止可燃气体爆炸，需要实时监测逸散在空气中的可燃气体浓度。当空气中的可燃气体浓度超过报警浓度（一般是爆炸下限体积分数的 25%）时，报警器便立即报警，为人们采取措施防止危险事故的发生留出了充足的时间。

（3）扑救初起火灾。扑救初起火灾对于控制灾情的发展至关重要，此时要争取时间，保持冷静。发现火灾险情，应迅速关闭火灾部位的上下游阀门，切断出入火灾事故地点的一切物料；在火灾尚未扩大到不可控制之前，可使用移动式灭火器或现场其他消防设备、器材，扑灭初起火灾，控制火源。

64. 危险化学品储存有哪些基本安全要求？

（1）储存危险化学品必须遵照国家法律、法规和其他有关规定。

（2）危险化学品必须储存在经公安部门批准设置的专门的危险化学品仓库中，经销部门自管仓库储存危险化学品及储存数量必须经公安部门批准。

（3）危险化学品露天堆放，应符合防火、防爆的安全要求，爆炸物品、一级易燃物品、遇湿易燃物品、剧毒物品不得露天堆放。

（4）储存危险化学品的仓库必须配备有专业知识的技术人员，其库房及场所应设专人管理，管理人员必须配备可靠的劳动防护用品。

（5）储存的危险化学品应有明显的标志。

（6）必须采用正确的储存方式。

（7）根据危险化学品性能分区、分类、分库储存，各类危险化学品不得与禁忌物料混合储存。

（8）储存危险化学品的建筑物、区域内严禁吸烟和使用明火。

65. 如何进行危险化学品的出入库管理？

（1）储存危险化学品的仓库，必须建立严格的出入库管理制度。

（2）危险化学品出入库前均应按合同进行检查验收、登记。

（3）进入危险化学品储存区域的人员、机动车辆和作业车辆，必须采取防火措施。

（4）装卸、搬运危险化学品时应按有关规定进行，做到轻装、轻卸，严禁摔、碰、撞击、拖拉、倾倒和滚动。

（5）装卸对人体有毒害及腐蚀性的物品时，操作人员应根据危险性穿戴相应的劳动防护用品。

（6）不得用同一车辆运输互为禁忌的物料。

（7）修补、换装、清扫、装卸易燃易爆物料时，应使用不产生火花的工具。

66. 危险化学品分类储存安全要求有哪些?

（1）易燃液体、遇湿易燃物品、易燃固体不得与氧化剂混合储存，具有还原性的氧化剂应单独存放。

（2）有毒物品应储存在阴凉、通风、干燥的场所，不要露天存放，不要接近酸类物质。

（3）腐蚀性物品包装必须严密，不得泄漏，严禁与液化气体和其他物品混合存放。

67. 罐装危险化学品储存有哪些安全要求?

（1）压缩气体和液化气体必须与爆炸性物品、氧化剂、易燃物品、自燃物品、腐蚀性物品等隔离储存。易燃气体不得与助燃气体、剧毒气体同储，氧气不得与油脂混合储存。

（2）应有专门的木架存放气瓶，使气瓶瓶口朝上放置（切勿倒置），以保持气瓶的稳固。如果没有木架，也可平放，此时瓶口朝向应一致，钢瓶上要有 2 个橡皮圈套，并用三角夹卡牢，防止滚动。对于无瓶座的小型气瓶，可平放在木架上，木架不宜过高，一般为 3 层。

（3）每天要定时检查库房的温度和湿度，并做好记录。库温不能超过 32 ℃，相对湿度要控制在 80%以下，以防气瓶生锈。夏季要在早晚进行通风降温，通风后出现水珠，要及时擦干。

（4）要随时检查气瓶是否漏气。进入毒气气瓶库房之前，要先对库房通风，并佩戴防毒面具进入。

68. 易燃物品储存有哪些安全要求?

（1）易燃液体储存时，库房应注意阴凉通风，远离火种、热源、氧化剂及氧化性酸类，堆码不能过高，打开包装时应使用不产生火花的金属材料工具。

（2）易燃固体储存时，库房应阴凉通风、干燥、隔热，库房周围要严禁烟火，并与酸类及氧化剂等分开储存，打开包装时应使用不产生火花的金属材料工具。

（3）遇水易燃物品遇湿或受潮会发生燃烧或爆炸，因此在储存时应特别注意防水、防潮。

（4）对自燃物品的储存，关键是控制温度和湿度。因为当达到一定温度和湿度条件时，这类物品就会发生燃烧。

（5）氧化剂的储存要特别注意以下几点：有机氧化剂不要和无机氧化剂混存；不同的氧化剂对库房的温度、湿度要求不同；一般氧化剂的存储温度应不超过 35 ℃，库房内的相对湿度宜保持在 80%以下。

69. 有毒、腐蚀品储存有哪些安全要求?

（1）堆码的要求。对于液体物品，严禁倒放；必须防潮，防止外包装腐蚀脱落；堆码要留有空隙，以方便搬运。

（2）温度和湿度要求。有毒、腐蚀品的种类比较多，性质相差也比较大，所以要根据所储存物品的性质，决定库房的温度和湿度。

（3）加强库房检查。有毒、腐蚀品的化学性质非常活泼，所以要根据各自的性质，加强库房的检查，防止事故发生。在检查时，要注意库房有害气体的浓度、空气的酸碱度，防止对人身造成伤害。

（4）配备防毒设施。为了防止人员中毒，存储有毒物品的库房应备有相应的中毒救护器械和药物，并配有更衣室和简单的淋浴设备。

70. 农药储存有哪些安全要求?

（1）库房内严禁设暖气，当需升温满足储存条件时，应采用送入间接加热空气的方法。

（2）农药库房内应设置隔离工作间，配备消防器材和急救药箱。

（3）存放的农药应有完整无损的包装和标志，包装破损或无标志的农药应及时处理。

（4）库房内农药堆放要合理，远离电源，避免阳光直接照射，堆垛稳固，并留出运送工具作业所必需的过道。

（5）不同种类的农药应分开存放。高毒农药应存放在彼此隔离、有出入口、能锁封的单间（或专箱）内，并保持通风。闪点低于61 ℃的易燃农药应与其他农药分开存放，并用难燃材料分隔。

（6）不同包装农药应分类存放，堆垛不宜过高，应有防渗防潮垫。

71. 危险化学品储存区的动火原则是什么?

（1）动火应严格执行安全用火管理制度，做到“三不动火”，即没有动火证不动火、安全监护人不在场不动火、防火措施不落实不动火。

（2）在正常生产装置内，凡是可不动火的一律不动火；凡能拆下来的一律拆下来，移到安全区域动火；节假日停止用火而不影响正常生产的，一律禁止动火。

（3）凡在生产、储存、输送可燃物料的设备、容器、管道上动火，应首先切断物料来源，加好盲板，经彻底吹扫、清洗、置换后，打开人孔，通风换气，并经分析合格后，才可动火。

（4）用火审批人必须亲临现场，落实防火措施后，方可签动火证。一张动火证只限一处有效。

（5）动火人和安全监护人在接到动火证后，应逐项检查防火措施落实情况，防火措施不落实或安全监护人不在场，动火人有权拒绝动火。

72. 危险化学品生产过程风险辨识分析主要包括哪些内容?

危险化学品生产过程风险辨识分析的内容应包括：工艺技术的本质安全性及风险程度；工艺系统可能存在的风险；对严重事件的安全审查情况；控制风险的技术、管理措施及其失效后可能引起的后果；现场设施失控和人为失误可能对安全造成的影响。在役装置的风险辨识分析还包括发生的变更是否存在风险，吸取本企业和其他同类企业事故及事件教训的措施等。

73. 危险化学品试生产前各环节的安全管理保障措施有哪些?

建设项目试生产前，建设单位或总承包商要及时组织设计、施工、监理、生产等单位的工程技术人员开展“三查四定”（“三查”

是指查设计漏项、查工程质量、查工程隐患，“四定”是指整改工作定任务、定人员、定时间、定措施），确保施工质量符合有关标准和设计要求，确认工艺危害分析报告中的改进措施和安全保障措施已经落实。

（1）系统吹扫冲洗安全管理。在系统吹扫冲洗前，要在排放口设置警戒区，拆除易被吹扫冲洗损坏的所有部件，确认吹扫冲洗流程、介质及压力。蒸汽吹扫时，要落实防止人员烫伤的防护措施。

（2）气密试验安全管理。要确保气密试验方案全覆盖、无遗漏，明确各系统气密的最高压力等级。高压系统气密试验前，要分成若干等级压力，逐级进行气密试验。真空系统进行真空试验前，要先完成气密试验。要用盲板将气密试验系统与其他系统隔离，严禁超压。气密试验时，要安排专人监控，发现问题及时处理。做好气密试验记录，签字备查。

（3）单机试车安全管理。企业要建立单机试车安全管理程序。单机试车前，要编制试车方案、操作规程，并经各专业人员确认。单机试车过程中，应安排专业人员操作、监护、记录，发现异常立即处理。单机试车结束后，建设单位要组织设计、施工、监理及制造商等方面人员签字确认并填写试车记录。

（4）联动试车安全管理。联动试车应具备下列条件：所有操作人员考核合格并已取得上岗资格，公用工程系统已稳定运行，试车方案和相关操作规程、经审查批准的仪表报警和联锁值已整定完毕，各类生产记录、报表已印发到岗位，负责统一指挥的协调人员已经确定。引入燃料或窒息性气体后，企业必须建立并执行每日安全调度例会制度，统筹协调全部试车的安全管理工作。

（5）投料安全管理。投料前，要全面检查工艺、设备、电气、仪表、公用工程和应急准备等情况，具备条件后方可进行投料。投料及试生产过程中，管理人员要现场指挥，操作人员要持续进行现场巡查，设备、电气、仪表等专业人员要加强现场巡检，发现问题及时报告和处理。投料试生产过程中，要严格控制现场人数，严禁无关人员进入现场。

74. 化工安全设施的使用管理方法有哪些?

化工生产设备的安全设施包含两类，分别为安全装备和安全附件。安全装备是指为保障安全生产，预防事故，防止事故扩大，以及在应急情况下抢险救灾而设置的设备、设施、器材等。安全附件是指为保障设备安全运行所配置的安全装置。安全设施实行安全监督和专业管理相结合的管理方法。

（1）认真落实安全装备和安全附件管理使用的有关规定，执行安全装备和安全附件的更新、检修、停用（临时停用）、报废、拆除申报程序，未经主管领导和部门批准，严禁擅自拆除、停用（临时停用）安全装备和安全附件。

（2）按照安全装备和安全附件的用途及配置数量，将安全装备和安全附件安装、放置在规定的使用位置，确定管理人员和维护责任，不允许挪作他用。

（3）定期对安全装备和安全附件进行专项检查，确保完好，随时可用。

（4）结合生产实际，组织对操作人员进行正确使用安全装备和安全附件的技术培训，经考试合格后持证上岗。定期开展岗位练兵和应急演练，使其做到“四懂”（懂原理、懂构造、懂用途、懂性能）、“三会”（会操作、会维护、会排除故障），提高操作人员使用安全设施的能力。

(5) 对竣工资料不全或未达到安全装备和安全附件设计性能的工程项目，在移交时有权拒绝接管。

75. 实施危险作业前的安全管理保障措施有哪些?

实施危险作业前，必须进行风险分析，确认安全条件，确保作业人员了解作业风险和掌握风险控制措施，作业环境符合安全要求，预防和控制风险措施得到落实。危险作业审批人员要在现场检查确认后签发作业许可证。现场监护人员要熟悉作业范围内的工艺、设备和物料状态，具备应急救援和处置能力。作业过程中，管理人员要加强现场监督检查，严禁监护人员擅离现场。

76. 重点监管的危险化工工艺目录及要求有哪些?

(1) 首批重点监管的危险化工工艺目录。依据《国家安全监管总局关于公布首批重点监管的危险化工工艺目录的通知》(安监总管三〔2009〕116号)，首批重点监管的危险化工工艺目录如下：光气及光气化工艺、电解工艺（氯碱）、氯化工艺、硝化工艺、合成氨工艺、裂解（裂化）工艺、氟化工艺、加氢工艺、重氮化工艺、氧化工艺、过氧化工艺、胺基化工艺、磺化工艺、聚合工艺、烷基化工艺。

(2) 第二批重点监管的危险化工工艺目录。依据《国家安全监管总局关于公布第二批重点监管危险化工工艺目录和调整首批重点监管危险化工工艺中部分典型工艺的通知》(安监总管三〔2013〕3号)，第二批重点监管的危险化工工艺目录如下：新型煤化工工艺、电石生产工艺、偶氮化工艺。

（3）关于重点监管危险化工工艺要求。化工企业要根据重点监管危险化工工艺目录及其重点监控参数、安全控制基本要求和推荐的控制方案要求，对照本企业采用的危险化工工艺及其特点，确定重点监控的工艺参数，装备和完善自动控制系统，大型和高度危险的化工装置要按照推荐的控制方案装备安全仪表系统（紧急停车或安全联锁）。

77. 剧毒化学品管理有哪些要求?

（1）剧毒化学品应在配备防盗报警和监控装置的专用仓库单独存放。

（2）剧毒化学品储存场所出入口应设置视频监控设备。

（3）剧毒化学品产品包装应有醒目的警示标志和中文警示说明。储存剧毒化学品的场所应当在显著的部位设置剧毒化学品标识。

（4）设置相应的消防设施。

（5）剧毒化学品的生产、储存作业应建立双人收发、双人保管制度，严格执行剧毒化学品使用“凭证”制度。应对剧毒化学品台账进行跟踪管理，双人记账。生产、储运作业中应做到双人双锁、双人运输和双人使用，做到“双人相互监督”和专人管理。

（6）企业应建立完善的剧毒化学品生产、经营、储存、运输、使用证件查验与登记制度，明确流向登记责任人。应设立剧毒化学品专用账目和出入库记录，剧毒化学品出入库应进行核查登记，详细记录时间、品种、数量、用途等内容。应每天核对剧毒化学品出入库情况，日清日结。记录应至少保存 1 年。

（7）企业销售剧毒化学品，应当记录购买单位的名称、地址以及购买人员、驾驶员、押运员的姓名、身份证号及购买凭证号、准购证号、公路运输通行证号、运输车辆牌号，并将所购剧毒化学品的品名、数量、用途、销售日期、销售人等进行登记。相关记录应至少保存3年。

（8）企业应建立剧毒化学品封闭式管理制度，确保剧毒化学品在各个环节中用专门容器存放、专用仓库储存、限定车辆运输、限定专门人员接触，一切相关活动均应在有关责任人的监督之下进行。

78. 安全生产“三同时”是指什么？有什么要求？

“三同时”是指生产经营单位新建、改建、扩建工程项目（建设项目）的安全设施，必须与主体工程同时设计、同时施工、同时投入生产和使用。

依据《建设项目安全设施“三同时”监督管理暂行办法》，生产经营单位应当按照档案管理的规定，建立建设项目安全设施“三同时”文件资料档案，并妥善保存。建设项目安全设施未与主体工程同时设计、同时施工或者同时投入使用的，应急管理部门对与此有关的行政许可一律不予审批，同时责令生产经营单位立即停止施工、限期改正违法行为，对有关生产经营单位和人员依法给予行政处罚。

79. 危险化学品企业每年安全生产费用应提取多少？可以用在哪些方面？

危险化学品生产与储存企业应以上年度实际营业收入为计提依据，采取超额累退方式按照相关标准平均逐月提取安全生产费用。提取比例应执行《企业安全生产费用提取和使用管理办法》现行标准。

危险化学品生产与储存企业安全生产费用应当按照以下范围使用：

（1）完善、改造和维护安全防护设施设备支出（不含“三同时”要求初期投入的安全设施），包括车间、库房、罐区等作业场所的监控、监测、通风、防晒、调温、防火、灭火、防爆、泄压、防毒、消毒、中和、防潮、防雷、防静电、防腐、防渗漏、防护围堤和隔离操作等设施设备支出。

（2）配备、维护、保养应急救援器材、设备支出和应急救援队伍建设、应急预案制修订与应急演练支出。

（3）开展重大危险源检测、评估、监控支出，安全风险分级管控和事故隐患排查整改支出，安全生产风险监测预警系统等安全生产信息系统建设、运维和网络安全支出。

（4）安全生产检查、评估评价（不包括新建、改建、扩建项目安全评价）、咨询和标准化建设支出。

（5）配备和更新现场作业人员劳动防护用品支出。

（6）安全生产宣传、教育、培训和从业人员发现并报告事故隐患的奖励支出。

（7）安全生产适用的新技术、新标准、新工艺、新装备的推广应用支出。

（8）安全设施及特种设备检测检验、检定校准支出。

（9）安全生产责任保险支出。

（10）其他与安全生产直接相关的支出。

危险化学品使用安全

80. 危险化学品使用许可的基本规定是什么?

《危险化学品安全管理条例》规定，使用危险化学品从事生产并且使用量达到规定数量的化工企业（属于危险化学品生产企业的除外），应当依照规定取得危险化学品安全使用许可证。

81. 危险化学品危害预防和控制的一般原则是什么?

就操作方面而言，危险化学品危害预防和控制的目的是通过采取适当的措施，消除或降低工作场所的危害，防止作业人员在正常作业时受到有害物质的侵害。危险化学品危害预防和控制的一般原则如下：

（1）替代。选用无毒或低毒的化学品替代原有的有毒有害化学品，选用难燃化学品替代易燃化学品。

（2）变更工艺。通过变更生产工艺来达到消除或降低化学品危害的目的。

（3）隔离。通过封闭、设置屏障等措施，避免作业人员直接暴露于有害环境中。

（4）通风。通风可以使作业场所空气中有毒有害的气体、蒸气或粉尘浓度降低，保障作业人员的身体健康，并可以防止火灾、爆炸事故的发生。

（5）个体防护。劳动防护用品既不能降低作业场所中有害化学品的浓度，也不能消除作业场所的有害化学品，但能为人体设置一道阻止有害化学品侵入的屏障。

（6）卫生。卫生包括作业场所清洁卫生和作业人员的个人卫生两个方面。

82. 危险化学品使用单位用火审批管理内容有哪些？

（1）一级用火。由生产车间负责人会同施工单位用火负责人，在动火前一天报送安全管理部门审批。

（2）二级用火。由车间指定的用火负责人制定防火措施，填写动火证，再经车间负责人审批。

（3）三级用火。由施工单位负责人制定、落实防火措施，填写动火证，报送消防队或者安全管理部门审批。

（4）固定用火区用火。由用火单位提出申请，经厂安全管理部门会同消防部门审查批准。

83. 企业使用危险化学品必须具备哪些条件？

《危险化学品安全管理条例》第二十八条规定，使用危险化学品的单位，其使用条件（包括工艺）应当符合法律、行政法规的规定和国家标准、行业标准的规定，并根据所使用的危险化学品的种类、危险特性以及使用量和使用方式，建立健全使用危险化学品的安全管理规章制度和安全操作规程，保证危险化学品的安全使用。

《危险化学品安全管理条例》第二十九条规定，使用危险化学品从事生产并且使用量达到规定数量的化工企业（属于危险化学品生产企业的除外），应当依照规定取得危险化学品安全使用许可证。

危险化学品使用量的数量标准，由国务院应急管理部门会同国务院公安部门、农业主管部门确定并公布。

84. 危险化学品安全使用许可证申请程序有哪些?

申请危险化学品安全使用许可证的化工企业，应当向所在地设区的市级人民政府应急管理部门提出申请，并提交其符合《危险化学品安全使用许可证实施办法》规定条件的证明材料。

设区的市级人民政府应急管理部门应当依法进行审查，自收到证明材料之日起 45 日内作出批准或者不予批准的决定。予以批准的，颁发危险化学品安全使用许可证；不予批准的，书面通知申请人并说明理由。

应急管理部门应当将其颁发危险化学品安全使用许可证的情况及时向同级生态环境主管部门和公安机关通报。

85. 个体防护在危险化学品使用中的重要作用是什么?

个体防护是降低危险化学品危害的一种辅助性措施。当作业场所中危险化学品的浓度超标时，作业人员就必须使用合适的劳动防护用品。

劳动防护用品能阻止有害物侵入人体，主要有头部防护用品、呼吸防护用品、眼面部防护用品、身体防护用品、手足防护用品等。使用劳动防护用品时要注意其本身的有效性。

86. 危险化学品使用过程中如何保持个人卫生?

（1）要遵守安全操作规程并使用适当的劳动防护用品，避免暴露在危险化学品中。

（2）工作结束后，以及饭前、饮水前、吸烟前要充分清洗身体的暴露部分。

（3）定期检查身体以确认身体健康。

（4）皮肤受伤时，要完好地包扎。

（5）每时每刻都要防止自我污染，尤其是在清洗或更换工作服时要格外注意。

（6）建立健全安全运输管理制度。

（7）建立健全安全操作规程。

（8）养成安全卫生习惯：不在衣服口袋里装被污染的东西，如脏抹布、工具等；劳动防护用品要分放、分洗；勤剪指甲并保持指甲洁净；不接触能引起过敏反应的化学物质。

87. 使用危险化学品应该明确哪几个方面的安全要点？

（1）对所有使用的危险化学品进行识别。

（2）正确使用危险化学品安全标签。

（3）提供并使用危险化学品安全技术说明书。

（4）危险化学品安全储存。

（5）危险化学品安全运输。

（6）危险化学品安全处理及使用。

（7）有效的辅助工作。

（8）危险化学品废弃物安全处置。

（9）危险化学品暴露监测。

（10）医学监督、记录保存、培训与教育。

88. 使用氧气、乙炔瓶要注意哪些事项?

(1) 使用氧气瓶应注意以下几点:

1) 氧气瓶里的氧气不能全部用完，必须留有 0.1 MPa 剩余压力。

2) 禁止用沾染油类的手和工具操作气瓶，以防引起爆炸。

3) 氧气瓶不能强烈碰撞，禁止采用抛、摔及其他容易引起撞击的方法进行装卸或搬运，严禁用起重机吊运。

4) 在开启瓶阀和减压器时，人要站在侧面，开启的速度要缓慢，防止有机材料零件温度过高或气流过快产生静电火花而造成燃烧。

5) 冬天，气瓶的减压器和管系发生冻结时，严禁用火烘烤或使用铁器一类的工具猛击气瓶，更不能猛拧减压器的调节螺栓，以防氧气突然大量冲出造成事故。

6) 禁止使用没有减压器的氧气瓶。

(2) 使用乙炔瓶应注意以下几点:

1) 乙炔瓶在使用时必须装设专用减压器、回火防止器，工作前必须检查是否好用，否则禁止使用。开启时，作业人员应站在阀门的侧后方，动作要轻缓。

2) 气瓶不得靠近热源和电气设备，夏季要有遮阳措施，防止暴晒，与明火的距离要大于 10 m。

3) 瓶阀冻结时，严禁用火烘烤，可用 10 ℃以下的水解冻。

4) 工作地点频繁移动时，应将气瓶装在专用小车上，乙炔瓶和氧气瓶应避免放在一起。

5) 严禁铜、银、汞等及其制品与乙炔接触，与乙炔接触的铜合金器具含铜量须高于70%（质量分数）。

6）瓶内气体严禁用尽，必须留有不低于0.05 MPa的余压。

7）在用汽车、手推车运输乙炔瓶时，应轻装、轻卸。严禁抛、滑、滚、碰。吊装搬运时，应使用专用夹具和防雨的运输车，严禁用起重机和手拉葫芦吊装搬运。

（3）气瓶放置应注意以下几点：

1）氧气瓶、乙炔瓶不得靠近热源、电气设备、油脂及其他易燃物品。

2）乙炔瓶使用时要注意固定，防止倾倒，严禁卧倒使用。对已卧倒的乙炔瓶，不准直接开气使用，使用前必须先立牢并静置15 min，再接减压器使用。

3）乙炔瓶在使用、运输、储存时，环境温度不得超过40 ℃。

4）乙炔瓶放置时要保持直立，并有防倒措施，不得放在橡胶等绝缘体上。

5）气瓶与明火的距离一般不得小于10 m。氧气瓶、乙炔瓶的距离应大于5 m。

6）氧气瓶、乙炔瓶应定置摆放并且划线，使用黄线规格为50 mm。

7）气瓶要戴瓶帽。

8）当氧气瓶使用场所存在电焊作业时，氧气瓶瓶底应垫绝缘物质，防止气瓶带电。

89. 安全风险隐患排查方式和频次有哪些要求?

安全风险隐患排查包括日常排查、综合性排查、专业性排查、季节性排查、重点时段及节假日前排查、事故类比排查、复产复工前排查和外聘专家诊断式排查等。

开展安全风险隐患排查的频次应满足以下要求：

（1）装置操作人员现场巡检间隔不得大于2 h，涉及“两重点一重大”（重点监管的危险化工工艺、重点监管的危险化学品和危险化学品重大危险源）的生产、储存装置和部位的操作人员现场巡检间隔不得大于1 h。

（2）基层车间（装置）直接管理人员（工艺、设备技术人员）及电气、仪表人员每天至少2次对装置现场进行相关专业检查。

（3）基层车间应结合班组安全活动，至少每周组织一次安全风险隐患排查；基层单位（厂）应结合岗位责任制检查，至少每月组织一次安全风险隐患排查。

（4）企业应根据季节性特征及本单位的生产实际，每季度开展一次有针对性的季节性安全风险隐患排查；重大活动、重点时段及节假日前必须进行安全风险隐患排查。

（5）企业至少每半年组织一次、基层单位至少每季度组织一次综合性排查和专业排查，两者可结合进行。

（6）当同类企业发生安全事故时，应举一反三，及时进行事故类比安全风险隐患专项排查。

90. 危险化学品废弃物管理有哪些要求？

（1）废弃的危险化学品包装桶、纸袋、瓶、木桶等必须严加管理，统一存放，并交有资质的企业进行处理。

（2）各部门、车间的危险化学品废弃物，必须指定专人收集，送往企业危险化学品废弃物处理部门统一处置，不得随意抛弃。

（3）危险化学品的报废必须预先提出申请，制定周密的安全保障措施，并经厂长批准后方可处理。危险化学品的报废处理由有资质的单位进行。禁止将危险化学品废弃物提供或者委托给无经营许可证的单位储存、处理。

（4）危险化学品废弃物应集中待处理，其暂时储存条件必须满足危险化学品的存放要求，不得露天存放。

（5）禁止将危险化学品废弃物和非危险化学品同时储存，混同堆放。

（6）凡拆除的容器、设备和管道内存有危险化学品的，必须先清洗干净危险化学品，验收合格后方可报废处理。

（7）储存、运输、处置危险化学品废弃物，必须按照危险化学品废弃物特性分类进行。禁止混合储存、运输、处置性质不相容且未经安全性处置的危险化学品废弃物。

（8）对危险化学品废弃物的容器、包装物以及储存、运输、处置危险化学品废弃物的场所、设施，必须设置危险化学品废弃物识别标志。

91. 什么是特别管控危险化学品?

特别管控危险化学品是指固有危险性高、发生事故的安全风险大、事故后果严重、流通量大，需要特别管控的危险化学品。

2020 年 5 月 30 日，应急管理部会同工业和信息化部、公安部、交通运输部联合颁布了《特别管控危险化学品目录（第一版）》，将硝酸铵、硝化纤维素、氯酸钾、氯酸钠、氯、氨、异氰酸甲酯、硫酸二甲酯、氰化钠、氰化钾、液化石油气、液化天然气、环氧乙烷、氯乙烯、二甲醚、汽油、1，2-环氧丙烷、二硫化碳、甲醇、乙醇共 20 种危险化学品列为特别管控危险化学品，其中爆炸性化学品 4 种，有毒化学品 6 种，易燃气体 5 种，易燃液体 5 种。

92. 特别管控危险化学品的特别管控措施有哪些？

特别管控危险化学品的管控措施主要有 5 条，涉及特别管控危险化学品全过程管理的各个阶段。

（1）建设信息平台，实施全生命周期信息追溯管控。为了深刻吸取天津港“8・12”特别重大火灾爆炸事故在救援过程中暴露出的各部门间信息不能共享，不能实时掌握危险化学品的去向情况，难以实现对危险化学品全时段、全流程、全覆盖安全监管的教训，应研究通过物联网、云计算、大数据等现代信息技术手段，消除部门间信息沟通的障碍，实现特别管控危险化学品全过程跟踪、信息监控与追溯。

（2）规范包装管理。危险化学品包装不规范是引发危险化学品事故的重要原因，2019 年发生的多起硫酸二甲酯事故都涉及包装不规范的问题，而我国对道路运输危险化学品包装的监管仍存在不足之处。应通过加强各部门之间的协调，推动实施涉及特别管控危险化学品的危险货物的包装性能检验和包装使用鉴定。

（3）严格安全准入。做好源头把控工作，严格准入条件，新建企业必须符合产业布局规划，必须符合安全生产法律法规和标准，以保障企业的安全发展、高质量发展。

（4）强化运输管理。为吸取沪昆高速湖南邵阳段“7・19”特别重大道路交通危险化学品爆燃事故等运输环节重特大事故教训，应强化道路运输车辆的在线监控和预警，加快推动实施道路危险货物运输电子运单管理。

（5）实施储存定置化管理。通过合理规划，优化管理模式，推进储存管理的精细化，实施定置化管理，确保监管部门能够准确掌握特别管控危险化学品的储存地点和储存量，实现精准监管和事故状态下的精准救援。

93. 导致危险化学品火灾爆炸的点火源有哪些？

（1）明火。明火是引发燃烧反应的裸露之火，不但具有很大的激发能量和高温，而且燃烧反应生成的自由基（或活性离子）还会诱发可燃物质的连锁反应。

常见的明火焰有火柴火焰、打火机火焰、蜡烛火焰、煤炉火焰、液化石油气灶具火焰、酒精喷灯火焰、气焊气割火焰等。

（2）高温物体。高温物体是在一定环境中，能够向可燃物质传递热量，并导致可燃物质着火的具有较高温度的物体。

常见较大体积的高温物体有电炉、电熨斗、电烙铁、白炽灯泡及碘钨灯泡表面、热蒸汽管及暖气片、加热的金属零件、蒸汽锅炉表面、汽车排气管。

常见微小体积的高温物体有烟头、焊割作业的金属熔渣、发动机排气管排出的火星、铁质工具撞击坚硬物体产生的火花等。

（3）电火花。电火花是由电极间击穿放电形成的大量火花汇集形成的电弧。

常见的电火花有电气开关开启或关闭时发出的火花、短路火花、漏电火花、接触不良火花、继电器接点开闭时发出的火花、过负荷或短路时熔丝熔断产生的火花、电焊时的电弧、雷击电弧、静电放电火花。

（4）撞击与摩擦。某些物质相互撞击或摩擦会产生火花或火星，这种火花实质上是撞击或摩擦物体产生的高温发光的固体颗粒，若温度足够高时就可能点燃周围的可燃物。

常见的撞击或摩擦有打火机（火石型）点火、铁质工具相互碰撞等。

（5）静电。静电是一种自然现象，产生的方式有多种，如接触、摩擦、剥离等。

凡是加快液体线性流速、增加湍流程度、混入互不相溶液体的因素，如流速、管径、管材种类、罐内壁粗糙度、弯头数量、滤网密度与材质、油中水等都影响产生静电电荷的速度。衣物互相摩擦也会产生静电。

94. 危险化学品的使用注意事项有哪些？

（1）危险化学品使用场所的操作人员必须佩戴专用劳动防护用品，操作结束后必须更换工作服，否则不得离开。

（2）严禁用手直接接触危险化学品，不得在危险化学品使用场所饮食。

（3）危险化学品使用场所应配备一定数量的解毒药品，以备应急之用。

（4）禁止将绝缘软管插入易燃液体槽内进行移液作业。

（5）桶装或罐装有毒或挥发性毒品时，必须装盖拧紧、密封，防止危险化学品挥发或溅出伤人，并移到良好通风处。若一时无法处理，可与安全管理部门联系协同解决。

（6）领料时，禁止在地面滚桶，防止摩擦、撞击。领料途中要考虑环境因素是否对领料构成危险，否则要采取安全措施。

（7）在设备发生故障、液体渗漏、改变工艺条件、由自动变手动操作时，必须采取相应的防范措施。

（8）盛装危险化学品的容器在使用前后必须确保干净，两者相遇会引起燃烧的原料严禁前后混用，危险化学品一旦散落在地面上应立即处理回收。

（9）危险化学品使用后的废渣、废气等，由使用单位负责处理，要严格执行环保规定，不得私自乱倒乱排，污染环境。自行处理不了的，应及时报告，通过安全管理部门按有关规定进行处理。

95. 腐蚀品使用场所注意事项有哪些?

（1）人员作业时应穿戴防护服、护目镜、防腐蚀手套等劳动防护用品。

（2）应合理选择防腐设备、管道，并采取防泄漏、防飞溅、防潮、防水等安全措施。

（3）具有腐蚀性场所作业区，其墙体、地面、设备基础等应进行防腐蚀、防渗处理。腐蚀品储存场所电气设备应选用防腐型，场所应经过防腐蚀处理。

（4）具有化学灼伤危险的作业场所，应设置洗眼器、淋洗器等安全防护设施，洗眼器、淋洗器的服务半径应不大于 15 m。

危险化学品经营安全

96. 危险化学品经营许可的基本规定和法律责任是什么？

《危险化学品安全管理条例》规定，国家对危险化学品经营（包括仓储经营，下同）实行许可制度。未经许可，任何单位和个人不得经营危险化学品。依法设立的危险化学品生产企业在其厂区范围内销售本企业生产的危险化学品，不需要取得危险化学品经营许可。依照《中华人民共和国港口法》的规定取得港口经营许可证的港口经营人，在港区内从事危险化学品仓储经营，不需要取得危险化学品经营许可。

从事剧毒化学品、易制爆危险化学品经营的企业，持危险化学品经营许可证向市场监督管理部门办理登记手续后，方可从事危险化学品经营活动。

未取得危险化学品经营许可证从事危险化学品经营的，由应急管理部门责令停止经营活动，没收违法经营的危险化学品以及违法所得，并处 10 万元以上 20 万元以下的罚款；构成犯罪的，依法追究刑事责任。

97. 危险化学品经营的基本规定是什么？

《危险化学品安全管理条例》规定，从事危险化学品经营的企业应当具备下列条件：

（1）有符合国家标准、行业标准的经营场所，储存危险化学品的，还应当有符合国家标准、行业标准的储存设施。

（2）从业人员经过专业技术培训并经考核合格。

（3）有健全的安全管理规章制度。

（4）有专职安全管理人员。

（5）有符合国家规定的危险化学品事故应急预案和必要的应急救援器材、设备。

（6）法律法规规定的其他条件。

危险化学品经营企业储存危险化学品的，应当遵守《危险化学品安全管理条例》中关于储存危险化学品的规定。危险化学品商店内只能存放民用小包装的危险化学品。

危险化学品经营企业不得向未经许可从事危险化学品生产、经营活动的企业采购危险化学品，不得经营没有化学品安全技术说明书或者化学品安全标签的危险化学品。

98. 哪些单位可以经营危险化学品?

危险化学品的经营是指企业、单位、个体工商户、百货商店（场）、企业分支机构、化工生产企业在厂外设立的销售网点经过审批的批发、零售爆炸品、压缩气体和液化气体、易燃液体、易燃固体、自燃物品和遇湿易燃物品、氧化剂和有机过氧化物、有毒品和腐蚀品等危险化学品的商业行为。危险化学品经营单位或个人应当符合相关法律法规规定的安全管理要求。

（1）取得危险化学品经营许可证。

（2）危险化学品经营企业必须具备相应的法定条件。

（3）经营剧毒化学品和其他危险化学品的，应当提出申请。经审查，符合条件的，颁发危险化学品经营许可证。申请人凭危险化学品经营许可证向市场监督管理部门办理登记注册手续。

（4）危险化学品生产企业不得向未取得危险化学品经营许可证的单位或者个人销售危险化学品。

（5）危险化学品经营企业储存危险化学品，应当遵守储存危险化学品的有关规定。危险化学品商店内只能存放民用小包装的危险化学品，其总量不得超过国家规定的限量。

（6）剧毒化学品经营企业销售剧毒化学品，应当记录购买单位的名称、地址和购买人员的姓名、身份证号码及所购剧毒化学品的品名、数量、用途。

（7）购买剧毒化学品，应当遵守相应的法律规定。

99. 危险化学品经营许可证如何办理？

从事剧毒化学品、易制爆危险化学品经营的企业，应当向所在地设区的市级人民政府应急管理部门提出申请；从事其他危险化学品经营的企业，应当向所在地县级人民政府应急管理部门提出申请（有储存设施的，应当向所在地设区的市级人民政府应急管理部门提出申请）。申请时准备好必需的申请材料，接受设区的市级人民政府应急管理部门或者县级人民政府应急管理部门依法审查。

设区的市级人民政府应急管理部门和县级人民政府应急管理部门应当将其颁发危险化学品经营许可证的情况及时向同级生态环境主管部门和公安机关通报。

申请人持危险化学品经营许可证向市场监督管理部门办理登记手续后，方可从事危险化学品经营活动。法律、行政法规或者国务院规定经营危险化学品还需要经其他有关部门许可的，申请人向市场监督管理部门办理登记手续时还应当持相应的许可证件。

100. 申请剧毒化学品购买许可证应当提交哪些材料?

申请取得剧毒化学品购买许可证，申请人应当向所在地县级人民政府公安机关提交下列材料：

（1）营业执照或者法人证书（登记证书）的复印件。

（2）拟购买的剧毒化学品品种、数量的说明。

（3）购买剧毒化学品用途的说明。

（4）经办人的身份证明。

县级人民政府公安机关应当自收到上述规定的材料之日起 3 日内，作出批准或者不予批准的决定。予以批准的，颁发剧毒化学品购买许可证；不予批准的，书面通知申请人并说明理由。

101. 危险化学品商店应该满足哪些安全技术基本要求?

（1）危险化学品商店禁止设在人员密集场所、居住建筑内。

（2）危险化学品商店建筑构造、耐火等级、安全疏散、消防设施、电气、通风应按《建筑设计防火规范（2018 年版）》（GB 50016—2014）的规定执行。

（3）危险化学品商店的营业场所面积（不含备货库房）应不小于 60 m^2，危险化学品商店内不应设有生活设施。营业场所与备货库房之间，以及危险化学品商店与其他场所之间应进行防火分隔。

（4）危险化学品商店的营业场所只允许存放单件质量小于 50 kg 或容积小于 50 L 的民用小包装危险化学品，其存放总质量不得超过 1 t，且营业场所内危险化学品的量与《危险化学品重大危险源辨识》

（GB 18218—2018）中所规定的临界量比值之和应不大于 0.3。

（5）危险化学品商店只允许经营除爆炸物、剧毒化学品（属于剧毒化学品的农药除外）以外的危险化学品。

（6）危险化学品的摆放应布局合理，禁忌物品要求应按《危险化学品仓库储存通则》（GB 15603—2022）的规定执行。

（7）危险化学品商店应建立危险化学品经营档案，档案内容至少应包括危险化学品品种、数量、出入记录等，数据保存期限应不少于 1 年。

（8）危险化学品商店应配备灭火器等消防器材，且其类型和数量应按《建筑灭火器配置设计规范》（GB 50140—2005）的规定执行。

（9）应按《安全标志及其使用导则》（GB 2894—2008）的规定设置危险化学品商店的安全标志。

102. 危险化学品经营单位安全管理人员的培训有哪些内容？

（1）危险化学品安全管理的重要性及相关法律法规。

（2）危险化学品基本知识。

（3）危险化学品经营安全管理知识。

（4）危险化学品事故应急预案和应急救援。

（5）危险化学品经营单位的安全技术措施。

（6）工作场所职业病危害及预防。

（7）危险化学品登记办法。

（8）实际操作培训。

103. 如何编制危险化学品经营单位的安全生产责任制？

安全生产责任制是各项安全生产规章制度的核心，是明确单位各级领导、各个部门、各类人员在各自职责范围内对安全生产应负责任的制度。

在编制安全生产责任制时，应根据各部门和人员职责分工来确定具体内容，充分体现责权利相统一的原则，要“横向到边，纵向到底，不留死角”，形成全员、全面、全过程安全管理的完整制度体系。

身兼数职的人员，可根据自身兼职情况，承担相应的安全生产责任。责任制的内容应该包括以下几个方面：决策层安全生产责任制、管理层安全生产责任制、岗位安全生产责任制。

危险化学品运输安全

104. 危险化学品运输许可的基本规定是什么？

《危险化学品安全管理条例》规定，从事危险化学品道路运输、水路运输的，应当分别依照有关道路运输、水路运输的法律法规的规定，取得危险货物道路运输许可、危险货物水路运输许可，并向市场监督管理部门办理登记手续。

通过道路运输危险化学品的，托运人应当委托依法取得危险货物道路运输许可的企业承运。

通过道路运输剧毒化学品的，托运人应当向运输始发地或者目的地县级人民政府公安机关申请剧毒化学品道路运输通行证。

105. 危险化学品运输的基本规定是什么？

（1）危险化学品道路运输。《危险化学品安全管理条例》规定，通过道路运输危险化学品的，应当配备押运人员，并保证所运输的危险化学品处于押运人员的监控之下。运输危险化学品途中因住宿或者发生影响正常运输的情况，需要较长时间停车的，驾驶人员、押运人员应当采取相应的安全防范措施。运输剧毒化学品或者易制爆危险化学品的，还应当向当地公安机关报告。

未经公安机关批准，运输危险化学品的车辆不得进入危险化学品运输车辆限制通行的区域。危险化学品运输车辆限制通行的区域由县级人民政府公安机关划定，并设置明显的标志。

剧毒化学品、易制爆危险化学品在道路运输途中丢失、被盗、被抢或者出现流散、泄漏等情况的，驾驶人员、押运人员应当立即采取相应的警示措施和安全措施，并向当地公安机关报告。公安机关接到报告后，应当根据实际情况立即向应急管理部门、生态环境主管部门、卫生健康主管部门通报。有关部门应当采取必要的应急处置措施。

（2）危险化学品内河运输。禁止通过内河封闭水域运输剧毒化学品以及国家规定禁止通过内河运输的其他危险化学品。上述规定以外的内河水域，禁止运输国家规定禁止通过内河运输的剧毒化学品以及其他危险化学品。禁止通过内河运输的剧毒化学品以及其他危险化学品的范围，由国务院交通运输主管部门会同国务院生态环境主管部门、工业和信息化主管部门、应急管理部门，根据危险化学品的危险特性、危险化学品对人体和水环境的危害程度以及消除危害后果的难易程度等因素规定并公布。

通过内河运输危险化学品，应当使用依法取得危险货物适装证书的运输船舶。水路运输企业应当针对所运输的危险化学品的危险特性，制定运输船舶危险化学品事故应急预案，并为运输船舶配备充足、有效的应急救援器材和设备。通过内河运输危险化学品的船舶，其所有人或者经营人应当取得船舶污染损害责任保险证书或者财务担保证明。船舶污染损害责任保险证书或者财务担保证明的副本应当随船携带。

用于危险化学品运输作业的内河码头、泊位应当符合国家有关安全规范，与饮用水取水口保持国家规定的距离。有关管理单位应当制定码头、泊位危险化学品事故应急预案，并为码头、泊位配备充足、有效的应急救援器材和设备。

船舶载运危险化学品进出内河港口，应当将危险化学品的名称、危险特性、包装以及进出港时间等事项，事先报告海事管理机构。海事管理机构接到报告后，应当在国务院交通运输主管部门规定的时间内作出是否同意的决定，通知报告人，同时通报港口行政管理部门。定船舶、定航线、定货种的船舶可以定期报告。在内河港口内进行危险化学品的装卸、过驳作业，应当将危险化学品的名称、危险特性、包装和作业的时间、地点等事项报告港口行政管理部门。港口行政管理部门接到报告后，应当在国务院交通运输主管部门规定的时间内作出是否同意的决定，通知报告人，同时通报海事管理机构。载运危险化学品的船舶在内河航行，通过过船建筑物的，应当提前向交通运输主管部门申报，并接受交通运输主管部门的管理。

载运危险化学品的船舶在内河航行、装卸或者停泊，应当悬挂专用的警示标志，按照规定显示专用信号。

（3）危险化学品托运。托运危险化学品的，托运人应当向承运人说明所托运的危险化学品的种类、数量、危险特性以及发生危险情况的应急处置措施，并按照国家有关规定对所托运的危险化学品妥善包装，在外包装上设置相应的标志。运输危险化学品需要添加抑制剂或者稳定剂的，托运人应当添加，并将有关情况告知承运人。

托运人不得在托运的普通货物中夹带危险化学品，不得将危险化学品匿报或者谎报为普通货物托运。任何单位和个人不得交寄危险化学品或者在邮件、快件内夹带危险化学品，不得将危险化学品匿报或者谎报为普通物品交寄。邮政企业、快递企业不得收寄危险化学品。

106. 危险化学品包装物、容器、运输车辆、船舶的基本规定是什么？

《危险化学品安全管理条例》规定，危险化学品的包装应当符合法律、行政法规、规章的规定以及国家标准、行业标准的要求。危险化学品包装物、容器的材质以及危险化学品包装的形式、规格、方法和单件质量（重量），应当与所包装的危险化学品的性质和用途相适应。

生产列入国家实行生产许可证制度的工业产品目录的危险化学品包装物、容器的企业，应当依照《中华人民共和国工业产品生产许可证管理条例》的规定，取得工业产品生产许可证；其生产的危险化学品包装物、容器经国务院市场监督管理部门认定的检验机构检验合格，方可出厂销售。运输危险化学品的船舶及其配载的容器，应当按照国家船舶检验规范进行生产，并经海事管理机构认定的船舶检验机构检验合格，方可投入使用。对重复使用的危险化学品包装物、容器，使用单位在重复使用前应当进行检查；发现存在安全隐患的，应当维修或者更换。使用单位应当对检查情况做好记录，记录的保存期限不得少于 2 年。

用于运输危险化学品的槽罐以及其他容器应当封口严密，防止危险化学品在运输过程中因温度、湿度或者压力的变化发生渗漏、洒漏；槽罐以及其他容器的溢流和泄压装置应当设置准确、启闭灵活。

通过道路运输危险化学品的，应当按照运输车辆的核定载质量装载危险化学品，不得超载。危险化学品运输车辆应当符合国家标准要求的安全技术条件，并按照国家有关规定定期进行安全技术检验。危险化学品运输车辆应当悬挂或者喷涂符合国家标准要求的警示标志。

海事管理机构应当根据危险化学品的种类和危险特性，确定船舶运输危险化学品的相关安全运输条件。拟交付船舶运输的危险化学品的相关安全运输条件不明确的，货物所有人或者代理人应当委托相关技术机构进行评估，明确相关安全运输条件并经海事管理机构确认后，方可交付船舶运输。

通过内河运输危险化学品，危险化学品包装物的材质、形式、强度以及包装方法应当符合水路运输危险化学品包装规范的要求。国务院交通运输主管部门对单船运输的危险化学品数量有限制性规定的，承运人应当按照规定安排运输数量。

107. 危险化学品管道管理的基本规定是什么？

《危险化学品安全管理条例》规定，生产、储存危险化学品的单位，应当对其铺设的危险化学品管道设置明显标志，并对危险化学品管道定期检查、检测。进行可能危及危险化学品管道安全的施工作业，施工单位应当在开工的 7 日前书面通知管道所属单位，并与管道所属单位共同制定应急预案，采取相应的安全防护措施。管道所属单位应当指派专门人员到现场进行管道安全保护指导。

108. 危险化学品管道运行的基本规定是什么？

《危险化学品输送管道安全管理规定》关于管道运行的规定如下：

（1）危险化学品管道应当设置明显标志。发现标志毁损的，管道所属单位应当及时予以修复或者更新。

（2）管道所属单位应当建立健全危险化学品管道巡护制度，配备专人进行日常巡护。巡护人员发现危害危险化学品管道安全生产情形的，应当立即报告单位负责人并及时处理。

（3）管道所属单位对危险化学品管道存在的事故隐患应当及时排除；对自身排除确有困难的外部事故隐患，应当向当地应急管理部门报告。

（4）管道所属单位应当按照有关国家标准、行业标准和技术规范对危险化学品管道进行定期检测、维护，确保其处于完好状态；对安全风险较大的区段和场所，应当进行重点监测、监控；对不符合安全标准的危险化学品管道，应当及时更新、改造或者停止使用，并向当地应急管理部门报告。对涉及更新、改造的危险化学品管道，还应当按照规定办理安全条件审查手续。

（5）管道所属单位发现下列危害危险化学品管道安全运行行为的，应当及时予以制止，无法处置时应当向当地应急管理部门报告：

1）擅自开启、关闭危险化学品管道阀门。

2）采用移动、切割、打孔、砸撬、拆卸等手段损坏管道及其附属设施。

3）移动、毁损、涂改管道标志。

4）在埋地管道上方和巡查便道上行驶重型车辆。

5）对埋地、地面管道进行占压，在架空管道线路和管架桥上行走或者放置重物。

6）利用地面管道、架空管道、管架桥等固定其他设施缆绳悬挂广告牌、搭建构筑物。

7）其他危害危险化学品管道安全运行的行为。

（6）禁止在危险化学品管道附属设施的上方架设电力线路、通信线路。

（7）在危险化学品管道及其附属设施外缘两侧各 5 m 地域范围

内，管道所属单位发现下列危害管道安全运行行为的，应当及时予以制止，无法处置时应当向当地应急管理部门报告：

1）种植乔木、灌木、藤类、芦苇、竹子或者其他根系深达管道埋设部位、可能损坏管道防腐层的深根植物。

2）取土、采石、用火、堆放重物、排放腐蚀性物质、使用机械工具进行挖掘施工、工程钻探。

3）挖塘、修渠、修晒场、修建水产养殖场、建温室、建家畜棚圈、建房以及修建其他建（构）筑物。

（8）在危险化学品管道中心线两侧及危险化学品管道附属设施外缘两侧 5 m 外的周边范围内，管道所属单位发现下列建（构）筑物与管道线路、管道附属设施的距离不符合国家标准、行业标准要求的，应当及时向当地应急管理部门报告：

1）居民小区、学校、医院、餐饮娱乐场所、车站、商场等人口密集的建筑物。

2）加油站、加气站、储油罐、储气罐等易燃易爆物品的生产、经营、存储场所。

3）变电站、配电站、供水站等公用设施。

（9）在穿越河流的危险化学品管道线路中心线两侧 500 m 地域范围内，管道所属单位发现有实施抛锚、拖锚、挖沙、采石、水下爆破等作业的，应当及时予以制止，无法处置时应当向当地应急管理部门报告。但在保障危险化学品管道安全的条件下，为防洪和航道通畅而实施的养护疏浚作业除外。

（10）在危险化学品管道专用隧道中心线两侧 1 000 m 地域范围内，管道所属单位发现有实施采石、采矿、爆破等作业的，应当及时予以制止，无法处置时应当向当地应急管理部门报告。

在上述规定的地域范围内，因修建铁路、公路、水利等公共工程确需实施采石、爆破等作业的，应当按照规定执行。

（11）实施下列可能危及危险化学品管道安全运行的施工作业的，施工单位应当在开工7日前书面通知管道所属单位，将施工作业方案报管道所属单位，并与管道所属单位共同制定应急预案，采取相应的安全防护措施，管道所属单位应当指派专人到现场进行管道安全保护指导：

1）穿（跨）越管道的施工作业。

2）在管道线路中心线两侧5～50 m和管道附属设施周边100 m地域范围内，新建、改建、扩建铁路、公路、河渠，架设电力线路，埋设地下电缆、光缆，设置安全接地体、避雷接地体。

3）在管道线路中心线两侧200 m和管道附属设施周边500 m地域范围内，实施爆破、地震法勘探或者工程挖掘、工程钻探、采矿等作业。

（12）施工单位实施危及危险化学品管道安全的作业，应当符合下列条件：

1）已经制定符合危险化学品管道安全运行要求的施工作业方案。

2）已经制定应急预案。

3）施工作业人员已经接受相应的危险化学品管道保护知识教育和培训。

4）具有保障安全施工作业的设备、设施。

（13）危险化学品管道的专用设施、永工防护设施、专用隧道等附属设施不得用于其他用途；确需用于其他用途的，应当征得管道所属单位的同意，并采取相应的安全防护措施。

（14）管道所属单位应当按照有关规定制定本单位危险化学品管道事故应急预案，配备相应的应急救援人员和设备物资，定期组织应急演练。

发生危险化学品管道生产安全事故，管道所属单位应当立即启动应急预案及响应程序，采取有效措施进行紧急处置，消除或者减轻事故危害，并按照国家规定立即向事故发生地县级以上应急管理部门报告。

（15）对转产、停产、停止使用的危险化学品管道，管道所属单位应当采取有效措施及时妥善处置，并将处置方案报县级以上应急管理部门。

109. 危险化学品安全运输的原则是什么？

要以《中华人民共和国安全生产法》《中华人民共和国道路交通安全法》和《中华人民共和国道路运输条例》《危险化学品安全管理条例》《民用爆炸物品安全管理条例》等有关法律、法规和标准为依据，安全运输有毒、有害、爆炸、腐蚀等危险化学品。为了遏制道路运输危险化学品交通事故，最大限度地减少发生交通事故后因危险化学品造成的人员伤亡，必须提高从业人员安全意识和防护自救能力，为建立道路运输危险化学品安全长效机制奠定良好基础。

从事危险化学品运输的承运单位必须具有相关危险化学品的运输资质。同时，加强对运输危险化学品的驾驶人员、装卸管理人员、押运人员进行危险化学品容器使用、装载、运输和发生事故后处置等方面的安全教育和培训。以上人员要取得相应危险化学品运输从业上岗资格证书。

110. 危险化学品运输企业资质认定有何要求？

国家对危险化学品的运输实行资质认定制度，未经资质认定，不得运输危险化学品。危险化学品运输企业必须具备的条件由国务院交通运输主管部门规定。公路运输危险化学品的，只能由有危险化学品运输资质的运输企业承运。

交通运输主管部门已颁发有关管理规定，对危险化学品运输企业应具备的企业经营规模、风险承担能力、技术装备水平、管理制度、员工素质等作出明确规定。从事水路危险化学品运输的企业要具备一定的资质条件、安全管理能力、自有适航船舶和适任船员等，同时对船龄也有要求。从事公路危险化学品运输的企业单位要有相应的资质条件，车辆设备应符合相关标准的规定，作业人员和营运管理人员应培训合格后方可上岗，企业应有健全的管理制度以及危险化学品专用仓库等。

111. 如何加强危险化学品运输现场检查？

从事危险化学品运输的企业，应接受交通、港口、海事管理等有关部门的监督管理和检查。从事危险化学品运输的企业应重点做好以下工作：

（1）加强运输生产现场科学管理和技术指导，并根据所运输危险化学品的特殊危险性，采取必要的、有针对性的安全防护措施。

（2）搞好重点部位的安全管理和巡检，保证各种生产设备处于完好和有效状态。

（3）严格执行岗位责任制和安全管理责任制。

（4）坚持对车辆、船舶和包装容器进行检验，做到不合格、无标志的一律不得装卸和启运。

(5) 加强对安全设施的检查，制定本企业事故应急救援预案，并配备应急救援人员和设备器材，定期进行事故演练，提高人员对各种恶性事故的预防和应急反应能力。

112. 关于剧毒化学品运输的规定有哪些?

通过道路运输剧毒化学品的，托运人应当向运输始发地或者目的地县级人民政府公安机关申请剧毒化学品道路运输通行证。

申请剧毒化学品道路运输通行证，托运人应当向县级人民政府公安机关提交下列材料：

(1) 拟运输的剧毒化学品品种、数量的说明。

(2) 运输始发地、目的地、运输时间和运输路线的说明。

(3) 承运人取得危险货物道路运输许可、运输车辆取得营运证以及驾驶人员、押运人员取得上岗资格的证明文件。

(4)《危险化学品安全管理条例》规定的购买剧毒化学品的相关许可，或者海关出具的进出口证明文件。

113. 如何加强对危险化学品运输从业人员的安全培训?

实行从业人员培训制度，努力提高从业人员素质，是提高危险化学品运输安全质量的重要一环。危险化学品运输企业应当对驾驶人员、船员、装卸管理人员、押运人员进行有关安全知识培训；驾驶人员、船员、装卸管理人员、押运人员必须掌握危险化学品运输的安全知识，并经所在地设区的市级人民政府交通运输主管部门考核合格，船员经海事管理机构考核合格，取得上岗资格证，方可上岗作业。为确保危险化学品运输安全，还应对与危险化学品运输有关的托运人进行培训。

为增强培训效果，可把培训和实行岗位在职资质制度结合起来，由主管部门批准认可的培训机构组织统一培训、考试和发证。危险化学品运输企业应对培训机构制定教育和培训责任制度，确保培训质量。危险化学品运输企业从业人员必须持证上岗，未经培训或者培训不合格的，不能上岗。对虽持证上岗但不严格按照规定和技术规范进行操作的人员，应有严格的处罚制度。

114. 对运输危险化学品的车辆驾驶人员有哪些要求？

（1）按照所批准的指定路线行车，不能通过人口密集的地区。

（2）严禁疲劳驾驶。行驶前应对车辆认真进行检查，确认机件良好，方可投入使用。

（3）严格遵守交通规则，防止交通事故引发火灾及爆炸。

（4）货车在禁火区发生故障时，应及时拖离，不能就地修理。

（5）柴油车在冬季应尽可能停在停车库内，若发现柴油或重油凝固，可用开水加热使其融化，严禁使用明火直接加热，以免引起火灾。

（6）必须配备与危险化学品货物相应的灭火器具。

（7）可燃危险化学品在运输时必须用油布严密覆盖，随车人员不得在货物旁吸烟。

（8）装运危险化学品或进入易燃易爆场所及其他禁火区域（如加油站等）时，汽车应配备火星熄灭器。

（9）装运危险化学品的车辆停在公共停车场时，应与其他车辆保持一定的距离。

（10）剧毒化学品的运输路线应严格按照国务院交通运输主管部

门规定的要求规划，禁止在内河以及其他封闭水域等航道进行运输。

115. 对运输危险化学品的车辆有哪些要求？

（1）运输危险化学品的车辆一定要专车专用，车辆状况保持良好，有符合交通运输主管部门规定的明显标志，并要求限载车辆载货量的 80%。对特殊危险化学品，按国家有关规定执行。

（2）运输车辆的车厢、底板应平坦完好，周围栏板牢固。

（3）运输车辆的左前方悬挂黄底黑字“危险品”字样的信号旗。

（4）运输车辆上配备与所运输危险化学品的性质相应的消防器材和捆扎、防水、防散失等用具。

（5）运输集装箱、大型气瓶、可移动槽罐的车辆，必须设置有效的紧固装置。

（6）运输危险化学品的交通工具要有防火安全措施。

（7）危险化学品不能装得过高、过多，对性质不稳定、易变质、易分解和易自燃的物品，应定时检查、测温、化验，防止自燃爆炸。

（8）用敞篷车装运易燃、可燃或遇湿易燃物品时，应将其捆扎结实，遇水燃烧物品应用密封袋包裹并扎紧。特别要注意的是，不能将易燃易爆品装在铁帮、铁底的交通工具中运输。

116. 运输危险化学品时发生火灾如何扑救？

（1）发现汽车失火后，驾驶人员应保持镇定，及时采取以下有效的扑救措施：

1）立即停车熄火，切断油源，关闭油箱开关和百叶窗，再打开车门或车窗玻璃脱离驾驶室，在车外实施扑救。

2）着火范围较小时，可利用车上的灭火器具或物品（如帆布、棉被、毯子等）进行灭火。

3）着火范围较大，又无灭火器具时，应用路边的沙土覆盖灭火，或拦堵过往车辆请求帮助灭火，同时就近向当地消防救援队报警。

（2）装有易燃易爆危险化学品的车辆失火后，驾驶人员应根据所装危险化学品的性质选用合适的灭火器具。

（3）为防止装运危险化学品的车辆因失火危及周围群众、建筑物，应尽力将装运危险化学品的车辆移至安全区域再进行灭火。此外，为了确保安全，运输剧毒化学品时，一定要有专人押运。

117. 到访人员进入易燃易爆厂区有哪些注意事项?

（1）到访人员应认真了解管理人员讲解的注意事项。

（2）到访人员需要在专人陪同下方能进入易燃易爆厂区。

（3）进入站场的相关人员必须遵守厂区相关制度，严禁携带火种、电子设备等。

（4）进站车辆必须由安全人员检查通过后方能进入工作区域。车辆应有防火罩，配置灭火器齐全，关闭收音机等。现场车辆必须服从现场管理人员统一调度。

（5）到访人员进入厂区应穿戴防静电工作服和工作鞋、安全帽，根据现场情况选择佩戴护目镜、手套、耳塞等劳动防护用品。

第六部分 危险化学品事故应急处置与救援

118. 危险化学品事故应急处置工作内容有哪些？

事故应急处置工作包括应急预防、应急准备、应急救援和应急恢复4个阶段。

根据国家标准《生产经营单位生产安全事故应急预案编制导则》（GB/T 29639—2020）的规定，应急处置主要包括以下内容：

（1）事故应急处置程序。根据可能发生的事故类型及现场情况，明确事故报警、各项应急措施启动、应急救援人员的引导、事故扩大及同企业应急预案的衔接程序。

（2）现场应急处置措施。针对可能发生的事故，从工艺操作、现场处置、事故控制、人员救护、消防、现场恢复等方面制定明确的应急处置措施。

（3）事故报告。明确事故报警电话及上级管理部门、相关应急救援单位联络方式和联系人员，明确事故报告的基本要求和内容。

119. 什么是应急预防？

在应急管理中，预防有两层含义：一是事故的预防工作，即通过安全管理和安全技术等手段，尽可能地防止事故发生，实现本质安全；二是在假定事故必然发生的前提下，通过采取预防措施，降低事故影响或后果的严重程度，如加大建筑物的安全距离、工厂选址的安全规划、减少危险物品的存量、设置防护墙以及开展公众教育等。从长远看，低成本、高效率的预防措施是减少事故损失的关键。

120. 什么是应急准备？

应急准备是应急管理工作中的一个关键环节（阶段）。应急准备是指为有效应对突发事件而事先采取的各种措施的总称，包括意识、组织、机制、预案、队伍、资源、培训演练等各种准备。

121. 危险化学品事故应急救援的要求有哪些？

（1）《生产安全事故应急条例》规定，发生生产安全事故后，生产经营单位应当立即启动生产安全事故应急救援预案，采取下列一项或者多项应急救援措施，并按照国家有关规定报告事故情况：

1）迅速控制危险源，组织抢救受害人员。

2）根据事故危害程度，组织现场人员撤离或者采取可能的应急措施后撤离。

3）及时通知可能受到事故影响的单位和人员。

4）采取必要措施，防止事故危害扩大和次生、衍生灾害发生。

5）根据需要请求邻近的应急救援队伍参加救援，并向参加救援的应急救援队伍提供相关技术资料、信息和处置方法。

6）维护事故现场秩序，保护事故现场和相关证据。

7）法律法规规定的其他应急救援措施。

（2）《危险化学品安全管理条例》规定，发生危险化学品事故，事故单位主要负责人应当立即按照本单位危险化学品应急预案组织救援，并向当地应急管理部门和生态环境、公安、卫生健康主管部门报告；道路运输、水路运输过程中发生危险化学品事故的，驾驶人员、船员或者押运人员还应当向事故发生地交通运输主管部门报告。

发生危险化学品事故，有关地方人民政府及其有关部门应当按照下列规定，采取必要的应急处置措施，减少事故损失，防止事故蔓延、扩大：

1）立即组织营救和救治受害人员，疏散、撤离或者采取其他措施保护危害区域内的其他人员。

2）迅速控制危害源，测定危险化学品的性质、事故的危害区域及危害程度。

3）针对事故对人体、动植物、土壤、水源、大气造成的现实危害和可能产生的危害，迅速采取封闭、隔离、洗消等措施。

4）对危险化学品事故造成的环境污染和生态破坏状况进行监测、评估，并采取相应的环境污染治理和生态修复措施。

（3）《企业安全生产标准化基本规范》（GB/T 33000—2016）规定，完成险情或事故应急处置后，企业应主动配合有关组织开展应急处置评估。

122. 危险化学品事故应急恢复的要求有哪些?

对于生产经营单位来说，应急恢复主要是事故的善后处理工作，包括事故原因分析、事故责任追究、事故受害人的经济赔偿、事故整改措施的落实等。

《企业安全生产标准化基本规范》（GB/T 33000—2016）规定，企业发生事故后，应及时成立事故调查组，明确其职责与权限，进行事故调查，查明事故发生的时间、经过、原因、波及范围、人员伤亡情况及直接经济损失等。事故调查组应根据有关证据、资料，分析事故的直接原因、间接原因和事故责任，提出应吸取的教训、整改措施和处理建议，编制事故调查报告。

企业应开展事故案例警示教育活动，认真吸取事故教训，落实防范和整改措施，防止类似事故再次发生。企业应根据事故等级，积极配合政府有关部门开展事故调查。

123. 危险化学品事故应急处置原则有哪些？

危险化学品发生事故时，往往存在火灾、爆炸、中毒与窒息、灼伤、泄漏等多种事故类型，应根据不同危险化学品的物理、化学特性并参照相应的典型物质事故案例进行应急处置。

（1）快速反应原则。任何事故都具有突发性、连带性和不确定性等特点，这些特点决定了在现场应急处置过程中，任何时间上的延误都有可能加大应急处置工作的难度，导致损失扩大，引发更为严重的后果。因此，在应急处置过程中，必须坚持做到快速反应，力争在最短的时间内到达现场、控制事态、减少损失，以最高的效率与最快的速度救助受害人员，并为尽快恢复正常的工作秩序、社会秩序、生活秩序创造条件。

任何事故都没有现成的现场应急处置模式，一方面要遵循事故处置的一般原则，另一方面也需要根据事件的性质与所影响的范围灵活掌握、灵活处理。有的事故在发生的瞬间就已结束，没有继续蔓延的条件；大多数事故在救援和处置过程中可能还会继续蔓延扩大，如果处置不及时，很可能带来灾难性的后果，甚至引发其他灾害事故。事故现场控制的作用，首先体现在防止事故继续蔓延扩大方面，必须在事发的第一时间作出反应，以最快的速度和最高的效率进行现场控制。因此，快速反应原则是事故应急处置中的首要原则。

（2）救助原则。大量的事故案例研究表明，造成严重后果的原因之一就是反应不及时，受害人员不能得到及时救助。在坚持人民至上、生命至上的当今社会，应急处置的首要目标是人员的安全，救助原则与快速反应原则的本质要求就是减少人员的伤亡。

每当事故发生，都会产生许多受害人员。受害人员的范围不仅包括事故的直接受害人员，还包括直接受害人员的亲属、朋友以及周围其他利益相关的人员。受害人员所需要的救助往往是多方面的，这不仅体现在生理上，很多时候也体现在心理和精神层面上。例如，火灾、爆炸等灾难性事故现场往往会有大量的伤亡人员（直接受害人员），他们会在生理和心理上承受双重打击；同时，事故的幸存者和亲历者虽然没有明显的心理创伤，但也会产生各种各样的负面心理。因此，事故应急处置部门和人员在进行现场控制的同时，应立即展开对受害人员的救助，及时抢救护送危重伤员，救援受困群众，妥善安置死亡人员，安抚在精神与心理上受到严重冲击的受害人员。

（3）人员疏散原则。在大多数事故应急处置中，把处于危险境地的受害人员尽快疏散到安全地带，避免出现更大伤亡，是一项极其重要的工作。在很多伤亡惨重的事故中，没有及时进行人员疏散是造成群死群伤的主要原因。

无论是自然灾害还是人为事故，在决定是否疏散人员的过程中，一般需要考虑的因素如下：

1）是否可能对群众的生命和健康造成危害，特别要考虑是否存在潜在危险性。

2）事故的危害范围是否会扩大或者蔓延。

3）是否会对环境造成破坏性的影响。

（4）保护现场原则。按照一般的程序，事故应急处置工作结束之后，或在应急处置过程中的适当时机，就应开始进行调查工作，以分析事故原因与性质，发现、收集有关证据，确定事故的责任者。在应急处置过程中，特别是对现场的控制作出安排时，一定要注意对现场进行有效的保护，以便于日后开展调查工作。在实践中容易出现的问题是，应急救援人员的注意力都集中在救助受害人员或防止事故蔓延扩大上，而忽略了对现场与证据的保护，结果在事后发现其中有犯罪嫌疑，需要收集证据时，现场已遭到破坏，使调查工作处于被动局面。因此，必须在进行现场控制的整个过程中，把保护现场作为工作原则贯穿始终。虽然对事故的应急处置与调查处理是不同的环节与过程，但在实际工作中不能把两者截然分开。

（5）保护应急救援人员安全的原则。在一些事故的应急处置现场，一些应急指挥人员会发出不惜任何代价（包括应急救援人员的生命）也要救援之类的指令，结果造成更大的伤亡和损失。这种精神在某种情况之下是值得提倡和发扬的，但在应急处置过程中，如果没有科学的方法与态度，这种精神就可能成为一种盲目的、不负责任的冲动。从理性的角度考虑，在事故的应急处置中，应当明确的一个基本原则是保障所有人的安全，既包括受害人员和潜在的受害人员，也包括应急救援人员，而且首先要保障应急救援人员的安全，不能为了执行一个不负责任的命令而不顾应急救援人员的安全。事故现场的应急指挥人员在指导思想上也应当充分地权衡各种利弊得失，尽可能使现场的应急决策科学化与最优化，避免不必要的牺牲。

124. 危险化学品事故应急处置中需要用到哪些器材和装备？

一般需要用到工程抢险、堵漏等专业设备，以及急救器材和药品、劳动防护用品、急救车辆、急救通信工具等。

一般急救器材包括扩音话筒、照明工具、帐篷、雨具、安全区指示标志、急救医疗点及风向标、检伤分类标志、担架等。

医疗急救器械和急救药品应根据需要有针对性地加以配置。对于急救药品特别是特殊解毒药品，应针对当地危险化学品的种类备好一定的数量。为便于紧急调用，应编制危险化学品事故医疗急救器械和急救药品的配备标准，以便按标准合理配置。

常规与特殊急救器材包括简易手术床和麻醉用品、氧气、便携式吸引器、雾化器、呼吸气囊或呼吸机、口对口呼吸管、心脏按压泵、气管内导管、喉镜、各种穿刺针、静脉导管、胃管、导尿管、听诊器、血压计、温度计、压舌板、张口器等。

急救药品包括肾上腺素、去甲肾上腺素、异丙肾上腺素、哌替啶（杜冷丁）、吗啡、硝酸甘油等。

特殊解毒剂包括根据各种毒物配制的不同特殊解毒剂，如亚甲蓝、亚硝酸异戊酯、硫代硫酸钠、4-二甲氨基吡啶（DMAP）、阿托品、氯磷啶等。

125. 危险化学品火灾扑救初起阶段的基本方法有哪些？

（1）迅速关闭火灾部位的上下游阀门，切断进入火灾事故地点的一切物料。

（2）在火灾尚未扩大到不可控制之前，应使用移动式灭火器或现场其他消防设备、器材扑灭初起火灾和控制火源。

126. 危险化学品火灾扑救的特点是什么？

不同的危险化学品以及危险化学品在不同情况下发生火灾时，其扑救方法差异很大，若处置不当，不仅不能有效扑灭火灾，反而会使灾情进一步扩大。此外，危险化学品本身及其燃烧产物大多具有较强的毒害性和腐蚀性，极易造成人员中毒、灼伤。因此，扑救危险化学品火灾是一项极其重要又非常危险的工作。从事危险化学品生产、使用、储存、运输的人员和消防救援人员平时应熟悉和掌握危险化学品的主要危险特性及其相应的灭火措施。

127. 如何扑救危险化学品火灾?

（1）设置警戒线。危险化学品事故现场情况复杂，必须实施警戒，并及时疏散危险区域内的人员。

（2）选择适当的处置方法，防止盲目施救。危险化学品种类繁多，各种危险化学品危险特性不同，处置方法也不同。所以，发生危险化学品火灾时，首先一定要弄清楚危险化学品的名称和危险特性，再根据事故现场情况，选择适当的处置方法。

（3）正确选用灭火剂。在扑救危险化学品火灾时，应正确选用灭火剂，积极采取针对性的灭火措施。

（4）控制和消除引火源。大多数危险化学品具有易燃易爆性，现场处置中若遇引火源，发生火灾、爆炸，将对现场人员、周围群众及设施造成严重危害，也会给事故处置增加难度。如果处置的危险化学品是易燃易爆物品，现场和周围一定范围内要杜绝火源，所有电气设备都应关掉，进入警戒区的消防车辆必须带阻火器。

128. 扑救压缩或液化气体火灾的基本方法有哪些?

压缩或液化气体通常被储存在不同的容器内或通过管道输送，发生火灾时，一般应采取以下基本对策：

（1）扑救气体火灾时，切忌盲目扑灭火势，在没有采取堵漏措施的情况下，必须保持稳定燃烧。

（2）应先扑灭外围可燃物火势，切断火势蔓延途径，控制燃烧范围，并积极抢救受伤和被困人员。

（3）如果现场有受到火焰辐射热威胁的压力容器，能转移的应尽量在水枪掩护下移至安全地带，不能转移的应部署足够的水枪进行冷却保护。为防止容器爆炸伤人，救援人员应尽量采用低姿射水或利用现场坚实的掩蔽体保护。对卧式储罐，冷却人员应选择储罐四侧角作为射水阵地。

（4）如果输气管道泄漏着火，应设法找到气源阀门。如果阀门完好，只要关闭气体的进出阀门，火势就会自动熄灭。

（5）储罐或管道泄漏后关阀无效时，应根据火势判断气体压力和泄漏口的大小及其形状，准备好相应的堵漏材料（如软木塞、橡皮塞、气囊塞、黏合剂、弯管工具等）。

（6）堵漏工作准备就绪后，即可用水扑救火灾，也可用干粉、二氧化碳、卤代烷灭火剂灭火，但仍需用水冷却烧烫的罐或管壁。火扑灭后，应立即用堵漏材料堵漏，同时用雾状水稀释和驱散泄漏出来的气体。如果确认泄漏口非常大，根本无法堵漏，应冷却着火容器及其周围容器和可燃物品，以控制着火范围，直到燃气燃尽，火焰自动熄灭。

（7）现场指挥人员应密切注意各种危险征兆，遇有火焰熄灭后较长时间未能恢复稳定燃烧，或受热辐射的容器出现火焰变亮而耀眼、发出尖叫声、发生晃动等爆炸征兆时，指挥人员必须适时作出准确判断，及时下达撤退命令。现场人员看到或听到事先约定的撤退信号后，应迅速撤退至安全地带。

129. 扑救易燃液体火灾的基本方法有哪些?

（1）应切断火势蔓延的途径，冷却和转移受火势威胁的压力容器及密闭容器和可燃物，控制燃烧范围，并积极抢救受伤和被困人员。如果有液体流淌时，应筑堤（或用围油栏）拦截流淌的易燃液体或挖沟导流。

（2）及时了解和掌握着火液体的品名、相对密度、水溶性、毒性、腐蚀性，以及沸溢、喷溅等危险性，以便采取相应的灭火和防护措施。

（3）对较大的储罐或流淌火灾，应准确判断着火面积和液体性质，采取相应灭火措施。

1）小面积（50 m^2 以内）液体火灾，一般可用雾状水扑灭，用泡沫、干粉、二氧化碳、卤代烷灭火剂灭火一般更有效。

2）大面积液体火灾必须根据其相对密度、水溶性和燃烧面积大小，选择正确的灭火剂扑救。

①比水轻又不溶于水的液体（如汽油、苯等），用直流水、雾状水灭火往往无效，可用普通蛋白泡沫或轻水泡沫灭火剂灭火。用干粉、卤代烷灭火剂扑救时，灭火效果要视燃烧面积大小和燃烧条件而定，最好同时用水冷却罐壁。

②比水重又不溶于水的液体（如二硫化碳）起火时可用水扑救，使水覆盖在液面上灭火，用泡沫灭火剂也有效。用干粉、卤代烷灭火剂扑救时，灭火效果要视燃烧面积大小和燃烧条件而定，最好同时用水冷却罐壁。

③具有水溶性的可燃液体（如醇类、酮类等），最好用抗溶性泡沫灭火剂扑救。用干粉、卤代烷灭火剂扑救时，灭火效果要视燃烧面

积大小和燃烧条件而定，也须用水冷却盛装可燃液体的罐壁。

（4）扑救毒害性、腐蚀性或燃烧产物毒害性较强的易燃液体火灾，扑救人员必须佩戴防护面具，采取可靠的防护措施。

（5）扑救原油和重油等具有沸溢和喷溅危险的液体火灾，如果有条件，可采用切水、搅拌等防止发生沸溢和喷溅的措施，在灭火的同时，必须注意计算可能发生沸溢、喷溅的时间和观察是否有沸溢、喷溅的征兆。指挥人员发现危险征兆时，应迅速作出准确判断，及时下达撤退命令，避免造成扑救人员伤亡和装备损失。扑救人员看到或听到统一的撤退信号后，应立即撤至安全地带。

（6）遇易燃液体管道或储罐泄漏着火，在切断蔓延途径、把火势限制在一定范围内的同时，应设法找到并关闭输送管道进出阀门。如果管道阀门已损坏或储罐泄漏，应迅速准备好堵漏材料，然后先用泡沫、干粉、二氧化碳灭火剂或雾状水等扑灭地上的流淌火焰，为堵漏扫清障碍，再扑灭泄漏口的火焰，并迅速采取堵漏措施。与气体堵漏不同的是，液体一次堵漏失败，可连续堵几次，但应用泡沫灭火剂覆盖地面，并拦截流淌的液体，控制好周围的着火源。

130. 扑救爆炸物品火灾的基本方法有哪些?

（1）迅速判断和查明再次发生爆炸的可能性和危险性，紧紧抓住爆炸后和再次发生爆炸之前的有利时机，采取一切可能的措施，全力制止再次爆炸的发生。

（2）切忌用沙土盖压，以免增强爆炸物品爆炸时的威力。

（3）如果有转移的可能，在人身安全确有可靠保障的情况下，应迅速组织力量及时转移着火区域周围的爆炸物品，使着火区域周围形成隔离带。

（4）扑救爆炸物品堆垛火灾时，水流应采用吊射的方式，避免强力水流直接冲击堆垛，以免堆垛倒塌引起再次爆炸。

（5）扑救人员应尽量利用现场已有的掩蔽体或采用卧姿等低姿射水，尽可能地采取自我保护措施。消防车辆不要停靠在离爆炸物品太近的水源附近。

（6）扑救人员发现有发生再次爆炸的危险时，应立即向现场指挥人员报告，现场指挥人员应迅速作出准确判断，确有发生再次爆炸的征兆或危险时，应立即下达撤退命令。扑救人员看到或听到撤退信号后，应迅速撤至安全地带，来不及撤退时，应就地卧倒。

131. 扑救遇湿易燃物品火灾的基本方法有哪些?

（1）应了解遇湿易燃物品的品名、数量、是否与其他物品混存、燃烧范围、火势蔓延途径等情况。

（2）如果只有极少量（一般指 50 g 以内）遇湿易燃物品发生火灾，则不管其是否与其他物品混存，仍可用大量的水或泡沫灭火剂扑救。

（3）如果遇湿易燃物品数量较多，且未与其他物品混存，则发生火灾时绝对禁止用水或泡沫、酸碱等湿性灭火剂扑救。

遇湿易燃物品火灾应用干粉、二氧化碳、卤代烷灭火剂扑救，只有金属钾、钠、铝、镁等个别物品火灾用二氧化碳、卤代烷灭火剂扑救无效。

固体遇湿易燃物品火灾应用水泥、干沙、干粉、硅藻土和蛭石等覆盖扑救。

水泥是扑救固体遇湿易燃物品火灾时比较容易得到的灭火剂。对遇湿易燃物品中的粉尘如镁粉、铝粉等，切忌喷射有压力的灭火剂，以防止将粉尘吹扬起来，与空气形成爆炸性混合物而导致爆炸。

（4）如果有较多的遇湿易燃物品与其他物品混存，则应先查明是哪类物品着火，遇湿易燃物品的包装是否损坏。可先用水枪向着火点吊射少量的水进行试探，如未见火势明显增大，证明遇湿易燃物品尚未着火，包装也未损坏，应立即用大量水或泡沫灭火剂扑救，扑灭火势后立即组织力量将淋过水或仍在潮湿区域的遇湿易燃物品转移到安全地带并分散开来。如果射水试探后火势明显增大，则证明遇湿易燃物品已经着火或包装已经损坏，禁止用水、泡沫、酸碱灭火剂扑救。若是液体，应用干粉等灭火剂扑救；若是固体，应用水泥、干沙等覆盖。如果遇钾、钠、铝、镁轻金属发生火灾，最好用石墨粉、氯化钠以及专用的轻金属灭火剂扑救。

（5）如果其他物品火灾威胁到相邻的较多遇湿易燃物品，应先用油布或塑料膜等防水材料将遇湿易燃物品遮盖好，然后再在上面盖上棉被并淋上水。如果遇湿易燃物品堆放处地势不太高，可在其周围用土筑一道防水堤。在用水或泡沫灭火剂扑救火灾时，对相邻的遇湿易燃物品应留一定的力量监护。

由于遇湿易燃物品性能特殊，不能使用水和泡沫灭火剂灭火，从事这类物品生产、经营、储存、运输、使用的人员及消防救援人员平时应经常了解和熟悉其品名和主要危险特性。

132. 扑救毒害品、腐蚀品火灾的基本方法有哪些?

（1）扑救人员必须穿防护服，佩戴防护面具。一般情况下采取全身防护，对有特殊要求的物品，应使用专用防护服。考虑到过滤式防毒面具防毒范围的局限性，在扑救毒害品火灾时，应尽量使用隔绝式氧气或空气面具。为了在火场上能正确使用和适应防护服和防护面具，平时应进行严格的适应性训练。

（2）积极抢救受伤和被困人员，限制燃烧范围。

（3）扑救时应尽量使用低压水流或雾状水，避免腐蚀品、毒害品溅出。遇酸类或碱类腐蚀品，最好调制相应的中和剂稀释中和。

（4）遇毒害品、腐蚀品容器泄漏，在扑灭火势后应采取堵漏措施。腐蚀品容器应用防腐蚀材料堵漏。

（5）浓硫酸遇水能放出大量的热，会导致沸腾飞溅，应特别注意防护。扑救浓硫酸与其他可燃物品接触发生的火灾，浓硫酸数量不多时，可用大量低压水快速扑救；如果浓硫酸量很大，应先用二氧化碳、干粉、卤代烷等灭火剂灭火，然后再把着火物品与浓硫酸分开。

133. 扑救易燃固体、自燃物品火灾的基本方法有哪些?

（1）2，4-二硝基苯甲醚、二硝基萘、萘等是易升华的易燃固体，受热会产生易燃蒸气，火灾时可用雾状水、泡沫灭火剂扑救，切断火势蔓延途径。但应注意，不能以为明火焰扑灭即已完成灭火工作，因为受热以后升华的易燃蒸气会在不知不觉中飘逸，在上层与空气形成爆炸性混合物，尤其是在室内，易发生爆燃。因此，扑救这类物品火灾千万不能被“假象”所迷惑，在扑救过程中应不时向燃烧区域上空及周围喷射雾状水，并用水浇灭燃烧区域及其周围的一切火源。

（2）黄磷自燃点很低，在空气中能很快氧化升温并自燃。遇黄磷火灾时，首先应切断火势蔓延途径，控制燃烧范围。对着火的黄磷，应用低压水或雾状水扑救。高压直流水冲击能引起黄磷飞溅，导致灾害扩大。黄磷熔融液体流淌时应用泥土、沙袋等筑堤拦截并用雾状水冷却；对磷块和冷却后已固化的黄磷，应用钳子将其钳入储水容器中。来不及放入储水容器中时，可先用沙土掩盖，但应做好标记，等火焰扑灭后，再逐步集中放入储水容器中。

（3）少数易燃固体、自燃物品不能用水和泡沫灭火剂扑救，如三硫化二磷、铝粉、烷基铝、连二亚硫酸钠（保险粉）等，应根据具体情况区别处理，宜选用干沙和不用压力喷射的干粉灭火剂扑救。

134. 扑救放射性物品火灾的基本方法有哪些？

（1）先派出专业人员携带放射性测试仪器，测试辐射（剂）量和范围。测试人员必须采取防护措施。对辐射（剂）量超过 0.038 7 C/kg 的区域，应设置标有“危及生命，禁止进入”的警告标志；对辐射（剂）量小于 0.038 7 C/kg 的区域，应设置标有“辐射危险，请勿接近”的警告标志。测试人员还应进行不间断的巡回监测。

（2）对辐射（剂）量大于 0.038 7 C/kg 的区域，扑救人员不能深入辐射源纵深灭火进攻；对辐射（剂）量小于 0.038 7 C/kg 的区域，可快速喷水灭火或用泡沫、二氧化碳、干粉、卤代烷灭火剂扑救，并积极抢救受伤人员。

（3）对燃烧现场包装完好的放射性物品，扑救人员可在水枪掩护下佩戴防护装备设法将其疏散。无法疏散时，应就地冷却保护，防止造成新的破损，增加辐射（剂）量。

（4）对已破损的容器，切忌搬动或用水流冲击，以防止放射性污染范围扩大。

135. 危险化学品泄漏事故处置方法有哪些？

（1）泄漏处理注意事项如下：

1）进入现场的人员必须配备必要的个人防护装备。

2）如果泄漏的化学品为易燃易爆危险化学品，应扑灭任何明火并消除任何其他形式的热源和火源，以降低发生火灾、爆炸的危险性。

3）应急处置时严禁单独行动，要有监护人，必要时用水枪、水炮掩护。

4）应从上风、上坡处接近现场，严禁盲目进入。

（2）泄漏源控制的方法如下：

1）通过关闭有关阀门、停止作业或改变工艺流程、物料走副线、局部停车、打循环、减负荷运行等方法，控制泄漏源。

2）容器发生泄漏后，应采取措施修补和堵塞裂口，制止化学品进一步泄漏。能否堵漏成功，取决于泄漏点附近的危险程度、泄漏点的尺寸、泄漏点处实际的或潜在的压力、泄漏物质的特性等因素。

（3）泄漏物处置。泄漏被控制后，要及时将现场泄漏物进行覆盖、收容、稀释、处理，使泄漏物得到安全可靠的处置，防止二次事故发生。地面上泄漏物处置主要有以下方法：

1）如果化学品为液体，泄漏到地面上时会四处蔓延扩散，难以收集处理，应筑堤堵截或者将其引流到安全地点。储罐区发生液体泄漏时，要及时关闭围堰雨水阀，防止物料外流。

2）对于液体泄漏，为降低物料向大气中的蒸发速度，可用泡沫或其他覆盖物品覆盖外泄的物料，在其表面形成覆盖层，抑制其蒸发，或者采用低温冷却方法来降低物料的蒸发速度。

3）为减少大气污染，通常采用水枪或消防水带向有害物蒸气云喷射雾状水，加速气体向高空扩散。在使用这一技术时，将产生大量的污水，因此应做好污水收集工作。对于可燃物，也可以在现场施放大量水蒸气或氮气，以破坏其燃烧条件。

4）对于泄漏量大的液体，可选择用隔膜泵将泄漏出的物料抽入容器内或槽车内；当泄漏量小时，可用沙子、吸附材料、中和材料等吸收、中和，或者用固化法处理。

5）将收集的泄漏物运至废弃物处理场所处置，用消防水冲洗剩下的少量物料，冲洗水排入含油污水处理系统。

136. 危险化学品泄漏事故处置中应注意哪些问题?

（1）进入现场的人员必须配备必要的劳动防护用品，并注意检查劳动防护用品是否齐全、有效。

（2）如果泄漏物易燃易爆，应严禁火种。

（3）应急处置时严禁单独行动，要有监护人，必要时可使用水枪、水炮掩护。

（4）危险化学品泄漏时，除受过特别训练的人员外，其他任何人不得试图清除泄漏物。

137. 危险化学品事故现场控制的基本方法有哪些?

在事故现场应急处置过程中，对现场的控制是必不可少的，要做出一系列的应急安排，以防止事故进一步蔓延扩大，把人员伤亡与财产损失降到最低。由于事故发生的时间、环境、地点不同，事故类型、影响范围、损失程度不尽相同，其所需要的控制手段（包括应急资源）也不相同。因此，在不同的事故现场，应该采取不同的控制方法。事故现场控制的一般方法可分为以下几种：

（1）警戒线控制法。警戒线控制法是由参加现场应急处置工作的人员对需要保护的重大或者特别重大事故的现场采取特别保护的方法。在重特大事故现场或其他相关场所，根据不同情况或需要，应安排公安机关及其他有关部门从事故现场核心开始，向外设置多层警戒。

现场设置警戒线，一方面是为了保障参加现场应急处置工作的人员能顺利进出，另一方面可避免外来的未知因素对现场的安全造成威胁，避免现场可能存在的各种危险源对周围无关人员的安全造成威胁。应急警戒范围，应坚持宜大不宜小的原则，保留必要的警戒冗余度，以防止现场人员大规模无序流动。在实践中，各国普遍的做法是设置两层警戒，由高密度区域向低密度区域布置警戒人员。

（2）区域控制法。在有些事故的应急处置过程中，需要处置的问题较多，存在先后顺序的问题；也可能由于环境等因素的影响，需要对某些局部区域采取不同的控制措施，控制进入现场的人员数量。区域控制法是在不破坏现场的前提下，在现场外围对整个事故现场环境进行总体观察，确定重点区域、重点地带以及危险区域、危险地带。一般遵循的原则：先重点区域，后一般区域；先危险区域，后安全区域；先外后内，最后为中心区域。具体实施区域控制时，一般应当在现场专业处置人员的指导下进行，由事发单位或事发地的公安机关指派专门人员具体实施。对于重特大事故现场，还应当由穿着制服的警察实施区域控制。

（3）遮盖控制法。遮盖控制法是保护现场与现场证据的一种方法。在应急处置现场，有些物证的时效性要求往往比较高，天气因素的变化可能影响证据的真实性；有时现场比较复杂，破坏比较严重，再加上应急处置人员不足，不能立即对现场进行勘查、处置，因此需要用其他物品对重要现场、重要证据、重要区域进行遮盖，以利于后续工作的开展。遮盖物一般多采用干净的塑料布、帆布、草席等物品，起到防风、防雨、防日晒以及防止无关人员随意触碰的作用。应当注意的是，除非万不得已，一般尽量不要使用遮盖控制法，防止遮盖物污染某些微量物证，影响取证以及后续的化学、物理分析结果。

（4）以物围圈控制法。为了维持应急处置现场的正常秩序，防止现场重要物证被破坏以及危害扩大，可以用其他物体对现场中心地带周围进行围圈。一般来讲，可以使用一些不污染环境的阻燃防爆物体。如果现场比较复杂，还可以采用分区域、分地段的方式进行。

（5）定位控制法。有些应急处置现场伤亡人员较多，物体位置变动较大，物证分布范围广，采取上述几种现场控制方法可能会给事发地的正常生活和工作秩序带来一定负面影响，这就需要对现场特定伤亡人员、特定物体、特定物证、特定方位、特定建筑等采取定点标注的控制方法，使现场能够一目了然，做到定量和定性相结合，有利于下一步工作的开展。一般可以根据现场大小、破坏程度等情况，首先按区域、方位对现场进行区域划分，可以有形划分，如长条形、矩形、圆形、螺旋形等，也可以无形划分。然后对每一划分区域指派现场处置人员，用色彩鲜艳的小旗对伤亡人员、重要物体、重要物证、重要痕迹进行标注。最后根据现场应急处置需要，在此基础上开展下一步的工作。

138. 危险化学品事故现场处置过程有哪些？

在事故抢险中，尽管由于发生事故的地点、事故单位所属的行业类型不同，抢险程序会存在差异，但一般是由接报、调集抢险力量、设点、询情、侦检、隔离、疏散、防护、现场急救、泄漏处置、火灾控制、现场洗消、撤点等步骤组成。其中，事故现场处置一般按照现场设点、询情和侦检、隔离与疏散、防护、现场急救、泄漏处置、火灾控制、现场洗消和撤点的程序进行。

（1）现场设点。现场设点是指救援队伍进入事故现场，选择有利地形（地点），设置现场救援指挥部或救援、医疗急救点。

各救援点的位置选择关系救援的有序开展和救援人员的自身安全。救援指挥部和救援、医疗急救点的设置应考虑以下几项因素：

1）地点。应选在上风向的非污染区域，且不要远离事故现场，便于指挥和救援工作的实施。

2）位置。各救援队伍应尽可能在靠近现场救援指挥部的地方设点，并随时保持与指挥部的联系。

3）路段。应选择道路交叉口，利于救援人员或转送伤员的车辆通行。

4）条件。指挥部或救援、医疗急救点可设在室内或室外，应便于人员行动及抢救伤员，同时要尽可能利用原有通信、水和电等资源，以利于救援工作的实施。

5）标志。指挥部或救援、医疗急救点均应设置醒目的标志，方便救援人员和伤员识别。悬挂的旗帜应用轻质面料制作，以便救援人员随时掌握现场风向。

（2）询情和侦检。采取现场询问情况和现场侦检的方法，充分了解和掌握事故的具体情况、危害范围、潜在的险情（爆炸、中毒等）。

侦检是危险化学品事故抢险处置的首要环节，是指利用检测仪器检测事故现场危险化学品的浓度、强度以及扩散、影响范围，并做好动态监测。根据事故情况的不同，可以派出若干侦检小组，对事故现场进行侦检，每个侦检小组应至少由 2 人组成。

（3）隔离与疏散，具体要求如下：

1）建立警戒区域。事故发生后，应根据危险化学品泄漏扩散的情况或火焰热辐射所涉及的范围建立警戒区域，并在通往事故现场的主干道上实行交通管制。建立警戒区域时应注意以下几点：

①警戒区域的边界应设警示标志，并有专人警戒。

②除消防、应急救援人员以及必须坚守岗位的人员外，其他人员禁止进入警戒区域。

③泄漏的危险化学品为易燃品时，区域内应严禁火种。

2）紧急疏散。迅速疏散警戒区域及污染区域内与事故应急处置无关的人员，以减少不必要的人员伤亡。紧急疏散时应注意以下事项：

①事故区域内存在有毒物质时，需要佩戴劳动防护用品或采取简易有效的防护措施，并有相应的监护措施。

②应向侧上风方向转移，明确专人引导和护送疏散人员到安全区域，并在疏散或撤离的路线上设立哨位，指明方向。

③不要在低洼处滞留。

④要查清是否有与应急处置无关的人员留在污染区域与警戒区域。

（4）防护。根据危险物质的毒性及划定的危险区域，确定相应的防护等级，并根据防护等级按标准配备相应的劳动防护用品。

（5）现场急救。在事故现场，危险化学品对人体可能造成的伤害有中毒、窒息、冻伤、化学灼伤、烧伤等。进行急救时，不论受害人员还是救援人员，都需要进行适当的防护。

（6）泄漏处置。危险化学品泄漏后，不仅会污染环境，对人体造成伤害，如遇可燃物质，还有引发火灾、爆炸的可能。因此对泄漏事故，应及时、正确处理，防止事故扩大。泄漏处理一般包括泄漏源控制及泄漏物质处理两大部分。

（7）火灾控制。危险化学品容易发生火灾、爆炸事故，不同的危险化学品在不同情况下发生火灾时，其扑救方法差异很大，若处置不当，不仅不能有效扑灭火灾，反而会使灾情进一步扩大。从事危险化学品生产、使用、储存、运输的人员和消防救援人员平时应熟悉和掌握危险化学品的主要危险特性及其相应的灭火措施，并定期进行防火演习，加强对紧急事态的应变能力。

（8）现场洗消。现场洗消是消除染毒体和污染区域毒性危害的主要措施。危险化学品事故发生后，事故现场及附近的道路、水源都有可能受到严重污染，若不及时进行洗消，污染会迅速蔓延，造成更大危害。

（9）撤点。撤点是指应急救援工作结束后离开现场，或救援的临时性转移。

139. 危险化学品事故避险自救的重要作用是什么？

事故现场避险自救是指事故发生后，事故单位自行实施的救援行动，以及事故现场受到事故危害的人员采取的自我保护行为。自救的主体是企业和从业人员本身。由于他们对现场情况最熟悉，反应最快，发挥救援作用最大，一些事故往往通过自救就可以得到控制或解决。自救是事故现场急救工作最基本、最广泛的救援形式。

事实证明，当发生事故后，在万分危急的情况下，依靠自己的智慧和力量，积极、正确地采取自救、互救措施可以最大限度地减少事故损失。发生重大事故的初期，通常情况下，灾害波及的范围和对人员的危害都比较小，既是抢救事故的有利时机，又是决定事故现场人员生命安全的关键时刻。一般来说，事故发生后，再健全的救援网络、再快的急救运输，救援人员赶到事故现场也需要一定时间。而处于事故现场的人员，积极、正确地采取自救、互救措施，具有及时性、就近性、广泛性、自发性和有效性，能保障事故现场人员自身安全和控制灾情进一步扩大，将灾害事故消灭在萌芽阶段和初始状态。即使在事故处理的中、后期，现场人员积极开展自救、互救，对提高抢险救灾工作成效也具有重要的作用。

140. 危险化学品事故避险自救的基本原则是什么？

（1）迅速报警，及时求救。熟悉各种报警电话，事故发生后要迅速报警求救，不能拖延不报，更不允许瞒报、谎报。

（2）确保安全，迅速施救。要在确保自身安全的前提下，开展救援工作，不要盲目施救。

（3）保持冷静，客观分析。在自救过程中，要采取积极的态度，不要错失良机。事故发生后，不要惊慌失措，要弄清楚事故的类型和性质，采取正确的避险方法。

（4）正确使用避险资源。发生事故后，要利用一切可以利用的避险资源，包括各种防护设施、消防器材、避险硐室、急救药品等。

（5）服从指挥，科学逃生。非应急处置人员应遵守“安全第一，主动、迅速、镇定、向外逃生”的基本原则。自救是为了保全性命，所以应当选择比较安全的方法，尽快离开事故现场。在选择逃生方法时，哪一种方法安全系数高，就选择哪一种。

逃生必须要速度快。事故的发展速度往往相当快，所以一定要行动敏捷。自救过程中还要镇定、不慌不乱，树立坚定的求生欲望。向外逃生比向里逃生安全系数高。

141. 危险化学品事故现场避险自救的基本要求是什么？

现场人员应熟悉不同性质事故的特点和规律，掌握不同性质事故的避险自救方法。

（1）在确保自身安全的前提下，应积极抢险救灾。事故发生后，如果现场人员能够采取正确的措施，往往可以把事故消灭在萌芽状态，避免更大的损失，最大限度地挽救他人的生命。如果确实无法处理，必须依据事故性质和类型及时、正确地撤离。

（2）熟悉避险路线，不同事故的避险路线可能不同，需要认真分析。如果避险路线遇阻，就近寻找避险硐室或设施，等待救援，不要盲目逃生。

（3）一般，事故现场附近都有必要的应急设施，要熟悉这些设施的存放位置和数量，事故发生时要充分利用。另外，必须掌握应急设施的使用方法。

（4）对于不同类型的事故，应制定对应的应急预案。现场人员必须熟悉事故应急预案，特别是现场预案，在事故发生后按照预案的要求进行避险自救。

（5）节约电、水和食物。事故发生后，如果随身携带照明设施，不要随意开启。如果几个人一起逃生，可以轮流使用照明设施。另外，应急物资如水和食物的使用一定要有计划，尽可能延长使用时间。

142. 危险化学品事故现场急救的目的和意义是什么？

事故现场急救是指在劳动生产过程中，当工作场所发生事故时，在医护人员和救护车赶到现场前，利用现场的人力、物力对事故现场伤员采取的自救和互救措施。事故现场急救的目的和意义有以下几点：

（1）挽救生命。实施及时有效的急救措施，如对心搏、呼吸停止的伤员进行心肺复苏，有助于挽救生命。

（2）稳定病情。在现场对伤员进行对症的医疗支持及相应的特殊治疗与处置，以使病情稳定，为下一步的抢救打下基础。

（3）减少伤残。发生事故，特别是重大事故时，不仅可能出现群体性中毒，往往还可能发生各类外伤，诱发潜在的疾病或使原来的某些疾病恶化。现场急救时正确地对伤员患处进行冲洗、包扎、复位、固定及其他相应处理，可以大大降低伤残率。

（4）减轻痛苦。采取一般及特殊的救护，可安定伤员情绪，减轻伤员的痛苦。

143. 危险化学品事故现场急救的基本原则是什么?

现场急救的基本原则是先救命后治伤，先重伤后轻伤，先抢后救，抢中有救，尽快脱离事故现场，先分类再运送，医护人员以救为主，其他人员以抢为主，各负其责，相互配合，以免延误抢救时机。现场救护人员应注意自身防护。

（1）寻找伤员，使伤员脱离险境。迅速脱离险境是进行现场急救的先决条件。先抢后救，抢中有救，尽快脱离事故现场，特别是火灾现场，以免火灾引起爆炸或导致有害气体中毒，确保救护人员与伤员的安全。事故发生后，首先要迅速果断地切断伤害源，中止其对人体的继续伤害。例如，发生电击伤时，要立即切断电源（关闭电闸，切断电路，挑开电线），使伤员安全脱离电源。

（2）迅速判断伤情并分类。本着先救命后治伤、先重伤后轻伤的原则，对伤员的生命体征（主要是意识、呼吸、心搏、血压、瞳孔等指征）和局部伤情（受伤部位和程度、有无活动性出血和骨折等指征）进行检查。在现场急救工作中，不要因忙乱或受到干扰、被轻伤伤员的喊叫所迷惑，延误对危重伤员的及时救护。相关经验表明，对于大出血、严重撕裂伤、内脏损伤、颅脑重伤伤员，若未经检伤和任何医疗急救处置就送往医院，其到急诊室或在救护车上就可能死亡。因此，必须先进行伤情分类，把伤情严重程度相同的伤员集中到同一救护区。

（3）防止或减少后遗症。实施急救，尤其是对有生命危险（如心搏或呼吸停止、出血危及生命）的伤员，应争分夺秒挽救其生命。

现场急救的“三先三后”原则如下：

1）对窒息或心搏、呼吸刚停止不久的伤员，必须先复苏，后搬运。

2）对于出血的伤员，必须先止血，后搬运。

3）对于骨折的伤员，必须先固定，后搬运。

（4）安全运送与疏散伤员。运送伤员时应根据不同的伤情，采取不同的措施。对头部外伤的伤员，可将其头部适当垫高，减少头部的出血；对昏迷的伤员，可将其头部偏向一侧，以便呕吐物或痰液等污物流出，以免误吸；对外伤出血处于休克状态的伤员，可将其头部适当放低些；对呼吸困难的伤员，可采取坐位，使其呼吸更畅通。当把伤员抬到担架上时，动作应该轻柔协调，尽量减轻伤员的痛苦。对于各种外伤伤员，在搬动时要注意对伤处的保护。例如，肢体骨折时，应有人专门扶持；脊椎骨折时，要使其背部保持平稳；对于颅脑外伤伤员，要有人专门包住伤员头部，避免晃动。抬担架上下坡时，应当尽量保持担架水平。在转送途中，对于危重伤员，应当严密注意其呼吸、脉搏，保持呼吸道通畅。天气寒冷时，应注意对伤员的保温，可就地取材，以毛巾、大衣或被子包盖好伤员身体，令其安静休息；如衣服潮湿，有条件时应尽快换上干衣服。到达医院后，应介绍伤员的情况以及采取的急救措施，供医生参考。

144. 危险化学品事故现场急救的注意事项有哪些?

危险化学品事故现场急救时，不论伤员还是救护人员，都应进行适当的防护。

（1）现场急救的注意事项如下：

1）应将伤员小心地从危险的环境转移到安全的地点。

2）必须注意安全防护，备好防毒面罩和防护服。

3）随时注意观察现场风向的变化，做好自身防护。

4）进入污染区域前，必须戴好防毒面罩，穿好防护服，并应以2~3 人为一组，集体行动，互相照应。

5）带好通信联系工具，随时保持通信联系。

6）所用的救援器材必须防爆。

7）急救处理程序化。可采取如下步骤：除去伤员被污染的衣物→冲洗→共性处理→个性处理→转送医院。

8）处理污染物。要注意对伤员被污染的衣物进行处理，防止发生继发性损害。

（2）一般伤员的急救原则和注意事项如下：

1）置神志不清的伤员于侧位，防止气道阻塞；对呼吸困难者，给其吸氧；对呼吸停止者，应立即进行人工呼吸；对心搏停止者，应立即进行胸外心脏按压。

2）皮肤污染时，脱去被污染的衣服，用流动的清水冲洗；头面部烧伤时，要注意眼、耳、鼻、口腔的清洗。

3）眼睛被污染时，立即提起眼睑，用大量流动的清水彻底冲洗至少 15 min。

4）当人员发生冻伤时，应迅速复温。复温的方法是采用 40～42 ℃恒温热水浸泡，使其在 15～30 min 内体温升高至接近正常。在对冻伤的部位进行轻柔按摩时，应注意不要将伤处的皮肤擦破，以防感染。

5）当人员发生烧伤时，应迅速将伤员衣服脱去，用水冲洗降温，并用清洁布覆盖创面，避免创面受到污染；不要随意把水疱弄破。伤员口渴时，可适量饮水或含盐饮料。

6）口服毒物者，可根据毒物的性质，对症处理，必要时进行洗胃。

（7）伤员经现场处理后，应迅速送至医院救治。

145. 危险化学品事故现场急救的基本步骤有哪些？

事故现场急救应按照现场评估、紧急呼救、判断伤情和紧急救护等步骤进行。

（1）现场评估。现场评估即迅速判断事故现场的基本状况，必须在数秒内完成。在突发事件的现场，面对危重伤员，作为“第一目击者”，首先要评估现场情况，通过实地感受对异常情况做出初步快速判断。现场评估最主要的内容如下：

1）注意现场是否可能对救护人员或伤员造成伤害。

2）引起伤害的原因、受伤人数，现场是否有危险。

3）现场可以利用的人力和物力资源以及需要何种支援、采取何种救护措施等。

（2）紧急呼救。当事故发生后，现场评估为危重伤员的，应立即对其实施救护，同时立即向专业急救机构或附近担负院外急救任务的医疗部门、社区卫生单位报告，常用的急救电话号码为“120”。

由急救机构立即派出专业救护人员、救护车至现场抢救。

使用电话呼救时，一般应简要、清楚地说明以下几点：

1）呼救者电话号码与姓名，伤员姓名、性别、年龄和联系电话。

2）伤员所在的确切地点，尽可能指出附近街道的交汇处或其他显著标志。

3）伤员目前最危重的情况，如昏倒、呼吸困难、大出血等。

4）发生灾害事故、突发事件时，说明伤害性质、严重程度、伤员人数。

5）现场所采取的救护措施。

注意：不要先放下话筒，要等对方先挂断电话。

(3) 判断伤情。现场巡视后，尤其是在复杂现场，应首先处理危及生命的情况，检查伤员的意识、气道、呼吸、循环特征、瞳孔反应等，发现异常，须立即实施救护并尽快送往医院。

1）危重伤情判断。判断危重伤情的一般步骤和方法如下：

①意识。先判断伤员神志是否清醒。若在呼唤、轻拍、推动伤员时，伤员有睁眼、肢体运动或其他反应，表明伤员有意识。如伤员对上述刺激无反应，则表明意识丧失，已陷入危重状态。伤员突然倒地，然后呼之不应，情况大多比较严重。

②气道。呼吸必要的条件是保持气道畅通。若伤员有反应但不能说话、不能咳嗽、憋气，则可能存在气道梗阻，必须立即检查和清除，如采用侧卧位清除口腔异物等。

③呼吸。正常人每分钟呼吸 12~18 次，而危重伤员会呼吸变快、变浅乃至不规则，呈叹息状。在气道畅通后，应立即对无意识的伤员进行呼吸检查，若伤员呼吸停止，应保持气道通畅，立即施行人工

呼吸。

④循环体征。在检查伤员意识、气道、呼吸之后，应对伤员的循环体征进行检查，可以通过呼吸、咳嗽、运动、皮肤颜色、脉搏情况等进行判断。检查循环体征时，应了解以下内容：

a. 成人正常心搏每分钟 60~80 次。

b. 呼吸停止，心搏随之停止；心搏停止，呼吸也随之停止。心搏、呼吸几乎同时停止也是常见的。

c. 心搏在手腕处的桡动脉、颈部的颈动脉处较易被触到。

d. 心律失常，以及严重的创伤、大失血等危及生命时，心搏或加快，超过每分钟 100 次；或减慢，每分钟 40~50 次；或不规则，忽快忽慢，忽强忽弱。以上均为心脏呼救的信号，都应引起重视。

e. 若伤员面色苍白或青紫，口唇、指甲发绀，皮肤发冷等，说明其血液循环和氧代谢情况不佳。

⑤瞳孔反应。眼睛的瞳孔又称瞳仁，位于黑眼球中央。正常时，双眼的瞳孔是等大圆形的，遇到强光能迅速缩小，很快又回到原状。用手电筒突然照射一下瞳孔即可观察到瞳孔的反应。当伤员脑部受伤、脑出血、严重药物中毒时，瞳孔可能缩小为针尖大小，也可能扩大到黑眼球边缘，对光线不起反应或反应迟钝。有时因为出现脑水肿或脑疝，双眼瞳孔一大一小。瞳孔的变化可以表示脑部受伤的严重性。

2）其他判断，一般步骤和方法如下：

①当完成现场评估后，再对伤员的头部、颈部、胸部、腹部、盆腔和脊柱、四肢进行检查，看有无开放性损伤、骨折畸形、触痛、肿胀等体征，有助于判断伤员病情。

②注意伤员的总体情况，如表情淡漠不语、冷汗口渴、呼吸急

促、肢体不能活动等现象为病情危重的表现；对外伤伤员，应观察神志不清程度、呼吸次数和强弱、脉搏次数和强弱；注意检查有无活动性出血，如有，应立即止血。严重的胸腹部损伤容易引起休克、昏迷甚至死亡。

（4）紧急救护。在伤员心搏骤停的情况下，为挽救生命，抓住“救命的黄金时间”，应立即进行心肺复苏，并迅速拨打急救电话。如有手机在身，可进行 1~2 min 心肺复苏后，在抢救间隙打电话。

任何年龄的外伤或呼吸暂停伤员，打电话呼救前接受 1 min 的心肺复苏是非常必要的。

146. 心肺复苏的实施要领有哪些？

有关研究数据显示，5 min 内开始实施心肺复苏急救，8 min 内进一步生命支持，心搏、呼吸暂停伤员存活率最高可达 43%；复苏（加上生命支持）每延迟 1 min，存活率下降 3%；除颤每延迟 1 min，存活率下降 4%。心肺复苏技术简称 CPR（cardiopulmonary resuscitation），是指当伤员呼吸与心搏已经停止时，合并使用人工呼吸及胸外心脏按压来进行急救的一种技术方法。

实施心肺复苏时，首先应察看伤员呼吸、心搏情况，一旦判定呼吸、心搏停止，立即捶击心前区（胸骨下部），并采取以下 3 个步骤进行心肺复苏：

（1）胸外心脏按压。解开伤员衣服，将一只手的掌根紧贴于伤员胸部正中、两乳头连线中点（胸骨下半部），双手十指相扣，掌根重叠，掌心翘起，双上肢伸直，上半身前倾，以髋关节为轴，用上半身的力量垂直向下按压，确保按压深度为 5~6 cm，按压频率为 100~120 次/min，保证每次按压后胸廓完全回复原状。如此连续按压

30 次。

（2）开放气道。用最短的时间，迅速清除伤员口鼻内的污泥、土块、痰、呕吐物等异物，将气道打开，以利于呼吸道畅通。

（3）口对口人工呼吸。救护人员用一只手的拇指和食指捏闭伤员的鼻孔，另一只手托住伤员的下颌，使伤员的口张开。救护人员做深呼吸，用口紧贴并包住伤员口部吹气，观察伤员胸部，胸部隆起方为有效。脱离伤员口部，放松捏鼻孔的拇指和食指，看胸廓复原情况，感觉伤员口鼻部是否有气呼出。连续吹气 2 次，使伤员肺部充分换气。每做 30 次胸外心脏按压，进行 2 次人工呼吸。

147. 心肺复苏的注意事项有哪些?

（1）进行口对口人工呼吸的注意事项如下：

1）口对口人工呼吸一定要在气道开放的情况下进行。

2）吹气不能过急，吹气量不能过大，仅需胸廓隆起即可，以免引起胃扩张。

3）吹气时间以占一次呼吸周期的 1/3 为宜。

（2）胸外心脏按压的注意事项如下：

1）防止并发症。胸外心脏按压并发症有急性胃扩张、肋骨或胸骨骨折、肋骨软骨分离、气胸、血胸、肺损伤、肝破裂、冠状动脉刺破（心脏内注射时）、心包压塞、胃反流物误吸或吸入性肺炎等，故要求判断准确、处理及时、操作正规。

2）胸外心脏按压用力要均匀，不可过猛。

（3）应注意观察心肺复苏效果。

1）颈动脉搏动。每次有效的胸外心脏按压都可以触及一次颈动脉搏动，测血压为 5. 3 ~ 8 kPa（40 ~ 60 mmHg），说明胸外心脏按压方法正确。若停止按压，脉搏仍然存在，说明伤员自主心搏已恢复。

2）面色转红润。复苏有效时，伤员面色、口唇、皮肤颜色由苍白或发绀转为红润。

3）意识渐渐恢复。复苏有效时，伤员昏迷变浅、眼球活动、出现挣扎，或给予强刺激后出现保护性反射活动，甚至手足开始活动，肌张力增强。

4）出现自主呼吸。应注意观察，有时很微弱的自主呼吸不足以满足机体供氧需要，如果不继续进行人工呼吸，则可能很快又停止自主呼吸。

5）瞳孔变小。复苏有效时，扩大的瞳孔变小，并出现对光反应。

148. 正确鉴别出血类型的方法有哪些？

受伤出血分为内出血和外出血。内出血一般只能到医院救治，外出血是现场急救的重点。理论上将出血分为动脉出血、静脉出血、毛细血管出血。动脉出血时，血色鲜红，血流量多、速度快；静脉出血时，血色暗红，血流缓慢；毛细血管出血时，血色鲜红，慢慢渗出。及时正确鉴别出血类型，对选择止血方法有重要价值。但有时受现场光线等条件的限制，往往难以区分出血类型。

149. 现场加压止血法有哪些？

（1）指压动脉止血法。指压动脉止血法适用于头部和四肢某些部位的大出血，方法为用手指压迫伤口近心端动脉，将动脉压向深部的骨骼，以阻断血液流通。这是一种不需要任何器械，简便、有效的止血方法，但因为止血时间短暂，常需要与其他方法结合进行。

1）头面部指压动脉止血法方法如下：

①指压颞浅动脉。该方法适用于一侧头顶、额部、颞部的外伤大出血。在伤侧耳前，用一只手的拇指对准下颌骨关节压迫颞浅动脉，另一只手固定伤员头部。

②指压面动脉。该方法适用于面部外伤大出血。用一只手的拇指和食指或拇指和中指分别压迫双侧下颌角前约 1 cm 的凹陷处，以阻断面动脉血流。

③指压耳后动脉。该方法适用于一侧耳后外伤大出血。用一只手的拇指压迫伤侧耳后乳突下凹陷处，阻断耳后动脉血流，另一只手固定伤员头部。

④指压枕动脉。该方法适用于一侧头后枕骨附近外伤大出血。用一只手的四指压迫耳后与枕骨粗隆之间的凹陷处，阻断枕动脉的血流，另一只手固定伤员头部。

2）指压四肢动脉止血法方法如下：

①指压肱动脉。该方法适用于一侧肘关节以下部位的外伤大出血。用一只手的拇指压迫上臂中段内侧，阻断肱动脉血流，另一只手固定伤员手臂。

②指压桡动脉和尺动脉。该方法适用于手部大出血。双手拇指分别压迫伤侧手腕两侧的桡动脉和尺动脉，以阻断血流。因为桡动脉和尺动脉在手掌部有广泛吻合支，所以必须同时压迫双侧。

③指压指（趾）动脉。该方法适用于手指（脚趾）大出血。用拇指和食指分别压迫手指（脚趾）两侧的动脉，以阻断血流。

④指压股动脉。该方法适用于一侧下肢的大出血。用两手的拇指用力压迫伤肢腹股沟中点稍下方的股动脉，以阻断股动脉血流。此时伤员应该保持坐姿或卧姿。

⑤指压胫前、后动脉。该方法适用于一侧足部大出血。用两手的拇指和食指分别压迫伤足足背中部搏动的胫前动脉及足跟与内踝之间的胫后动脉。

（2）直接压迫止血法。直接压迫止血法适用于较小伤口的出血，用无菌纱布直接压迫伤口处，时间约 10 min。

（3）加压包扎止血法。加压包扎止血法适用于各种伤口，是一种比较可靠的非手术止血法。先用无菌纱布覆盖压迫伤口，再用三角巾或绷带用力包扎，包扎范围应比伤口稍大。这是目前最常用的一种止血方法，在没有无菌纱布时，可使用消毒卫生巾或餐巾等代替。

150. 现场辅助材料止血法有哪些？

（1）填塞止血法。填塞止血法适用于较大且深的伤口，先用镊子夹住无菌纱布塞入伤口内，如一块纱布止不住出血，可再加纱布，最后用绷带或三角巾包扎固定。

（2）止血带止血法。止血带止血法只适用于四肢大出血，而且是其他止血法效果不明显时才可使用的方法。止血带有橡皮止血带（橡皮条和橡皮带）、气性止血带（如血压计袖带）和布制止血带等，其操作方法各不相同。

使用止血带的注意事项如下：

1）部位。上臂外伤大出血应扎在上臂上端 1/3 处，前臂或手大出血应扎在上臂下端，不能扎在上臂靠近肘关节的 1/3 处，因该处神经走行贴近肱骨，易被损伤。下肢外伤大出血应扎在股骨靠近膝关节的 1/3 处。

2）衬垫。使用止血带的部位应该有衬垫，否则会损伤皮肤。止血带可扎在衣服外面，把衣服当作衬垫用。

3）松紧度。应以出血停止、远端摸不到脉搏为宜，过松将达不到止血目的，过紧则会损伤组织。

4）使用时间。一般应不超过5 h，原则上每小时要放松1次，放松时间为1~2 min。

5）标记。对于正在使用止血带的伤员，应在前额或胸前易被发现的部位贴上明显标记，写明绑扎时间。如立即送往医院，则可以不做标记。

151. 常用骨折固定方法有哪些？

骨折是人们在生产、生活中常见的身体损伤，为了避免骨折的断端对血管、神经、肌肉及皮肤等组织的再损伤，减轻伤员的痛苦，以及便于搬动与转运伤员，凡发生骨折或怀疑有骨折的伤员，均必须在现场立即采取临时固定的措施。

（1）肱骨（上臂）骨折固定法，具体如下：

1）夹板固定法。用两块夹板分别放在上臂内外两侧（如果只有一块夹板，则放在上臂外侧），用绷带或三角巾等将其上下两端固定。之后肘关节弯曲90°，前臂用小悬臂带悬吊。

2）无夹板固定法。将三角巾折叠成10~15 cm宽的条带，其中央正对骨折处，将上臂固定在躯干上，于对侧腋下打结。屈肘90°，再用小悬臂带将前臂悬吊于胸前。

（2）尺骨、桡骨（前臂）骨折固定法，具体如下：

1）夹板固定法。用两块长度超过肘关节至手心的夹板分别放在前臂的内外两侧（如果只有一块夹板，则放在前臂外侧），并在手心放好衬垫让伤员握好，以使腕关节稍向背屈，再固定夹板上下两端。屈肘90°，用大悬臂带悬吊，手略高于肘。

2）无夹板固定法。使用大悬臂带、三角巾固定。用大悬臂带将骨折的前臂悬吊于胸前，手略高于肘。再用一条三角巾将上臂带一起固定于胸部，在健侧腋下打结。

（3）股骨（大腿）骨折固定法，具体如下：

1）夹板固定法。伤员仰卧，伤腿伸直。用两块夹板（内侧夹板应上至大腿根部，下过足跟；外侧夹板应上至腋窝，下过足跟）分别放在伤腿内外两侧（只有一块夹板时则放在伤腿外侧），并将健肢靠近伤肢，使双下肢并拢，两足对齐。关节处及空隙部位均放置衬垫，用5~7条三角巾或布带先将骨折部位的上下两端固定，然后分别固定腋下、腰部、膝、踝等处。足部用三角巾“8”字固定，使足部与小腿成直角。

2）无夹板固定法。伤员仰卧，伤腿伸直，健肢靠近伤肢，双下肢并拢，两足对齐。在关节处与空隙部位之间放置衬垫，用5~7条三角巾或布条将两腿固定在一起（先固定骨折部位的上下两端）。足部用三角巾“8”字固定，使足部与小腿成直角。

（4）脊椎骨骨折固定法。发生脊椎骨骨折时不得轻易搬动伤员，严禁一人抱头、另一人抬脚等不协调的动作。如伤员俯卧位时，可用“工”字夹板固定，将两横板压住竖板分别横放于两肩上及腰骶部，在脊椎骨的凹凸部位放置衬垫，先用三角巾或布带固定两肩，再固定腰骶部。

现场处理原则：背部受到剧烈的外伤，有颈、胸、腰椎骨折者，绝不能试图扶着伤员让其做一些活动来“判断”有无损伤，一定要就地固定。

（5）头颅部骨折固定法。头颅部骨折伤员在检查、搬动、转运等过程中，力求头颅部不会受到新的外界影响而加重局部损伤。具体做法：伤员静卧，头部可稍垫高，头颅部两侧放两个较大的、硬实的枕头或沙袋等物将其固定住，以免搬动、转运时局部晃动。

152. 骨折固定的注意事项有哪些?

（1）如果是开放性骨折，必须先止血，再包扎，最后进行骨折固定，不可颠倒顺序。

（2）下肢或脊椎骨骨折应就地固定，尽量不要移动伤员。

（3）四肢骨折固定时，应先固定骨折的近端，后固定骨折的远端。如固定顺序相反，会导致骨折再度移位。夹板必须扶托整个伤肢，骨折上下两端的关节均必须固定住，绷带、三角巾不要绑扎在骨折处。

（4）夹板等固定材料不能与皮肤直接接触，要用棉垫、衣物等柔软物垫好，尤其骨突部位及夹板两端更要垫好。

（5）固定四肢骨折时应露出指（趾）端，以便随时观察血液循环情况，如伤肢出现苍白、发绀、发冷、麻木等情况，应立即松开重新固定，以免造成肢体缺血、坏死。

153. 绷带包扎方法有哪些?

包扎的目的是保护伤口、减少污染、固定敷料和帮助止血。常用绷带和三角巾进行伤口包扎。无论采用何种包扎方法，均要求牢固且松紧适度，并尽量保证无菌操作条件。

（1）绷带包扎常用方法。绷带包扎法分为环形包扎法、螺旋形包扎法、螺旋反折包扎法、“8”字形包扎法和头顶双绷带包扎法等。包扎时要掌握好“三点一走行”，即绷带的起点、止血点、着力点（多在伤处）和走行方向的顺序，做到既牢固又不能太紧。应先在伤口覆盖无菌纱布，然后从伤口下方向上，左右缠绕。包扎伤臂或伤腿时，要尽量露出手指尖或脚趾尖，以便观察血液循环。绷带用于胸、腹、臀、会阴等部位效果不好，容易滑脱，所以一般用于四肢和头部伤口包扎。

1）环形包扎法。绷带卷放在需要包扎位置稍上方，第一圈做稍斜缠绕，第二、三圈做环形缠绕，并将第一圈斜出的绷带带角压于环形圈内，然后重复缠绕，最后将绷带尾端撕开打结固定或用别针、胶布将尾部固定。

2）螺旋形包扎法。先环形包扎数圈，然后将绷带渐渐地斜旋上升缠绕，每圈盖过前圈的1/3至2/3，呈螺旋状。

3）螺旋反折包扎法。先做两圈环形固定，再做螺旋形包扎，待到渐粗处，一手拇指按住绷带上面，另一手将绷带自此点反折向下，此时绷带上缘变成下缘。后圈覆盖前圈1/3至2/3。此法主要用于粗细不等的四肢如前臂、小腿或大腿等的包扎。

4）“8”字形包扎法。此方法适用于四肢各关节处的包扎。于关节上下将绷带一圈向上、一圈向下做“8”字形来回缠绕。

5）头顶双绷带包扎法。将两条绷带连在一起，打结处包在头后部，分别经耳上向前于额部中央交叉。第一条绷带经头顶到枕部，第二条绷带反折绕回到枕部，并压住第一条绷带。第一条绷带再从枕部经头顶到额部，第二条则从枕部绕到额部。

（2）绷带包扎注意事项如下：

1）伤口上要加盖敷料，不要在伤口上使用弹力绷带。

2）不要将绷带缠绕过紧，要经常检查肢体供血情况。

3）有绷带过紧的体征（手、足的甲床发紫，绷带缠绕肢体远心端皮肤发紫，有麻木感或感觉消失，严重者手指、足趾不能活动）

时，应立即松开绷带，重新缠绕。

4）不要将绷带缠住手指、足趾末端，除非有损伤。

154. 三角巾包扎方法有哪些？

三角巾分为普通三角巾和带形、燕尾式三角巾，制作简单、方便，包扎时操作简捷，且几乎能适应全身各个部位。

（1）头面部三角巾包扎法，具体如下：

1）三角巾风帽式包扎法。该法适用于包扎头顶部和两侧面、枕部的外伤。先将消毒纱布覆盖在伤口上，将三角巾顶角打结放在前额正中，在底边的中点打结放在枕部，然后两手拉住两底角将下颌包住并交叉，再绕到颈后的枕部打结。

2）三角巾帽式包扎法。先用无菌纱布覆盖伤口，然后把三角巾底边的正中点放在伤员眉间上部，顶角经头顶拉到脑后枕部，再将两底角在枕部交叉返回到额部中央打结，最后拉紧顶角并反折塞在枕部交叉处。

3）三角巾面具式包扎法。该法适用于颜面部较大范围的伤口，如面部烧伤或较广泛的软组织损伤。方法是把三角巾一折为二，顶角打结放在头顶正中，两手拉住底角罩住面部，然后将两底角拉向枕部交叉，最后在下颌部打结，在眼、鼻和口处提起三角巾，剪成小孔。

4）单眼三角巾包扎法。将三角巾折成带状，其上1/3盖住伤眼，下2/3从耳下端绕经枕部向健侧耳上、额部并压住上端带巾，再绕经伤侧耳上、枕部至健侧耳上与带巾另一端在健侧耳上方打结固定。

5）双眼三角巾包扎法。将无菌纱布覆盖在伤眼上，用带形三角巾从头后部拉向前，从眼部交叉，再绕向枕下部打结固定。

6）下颌、耳部、前额或颞部小范围伤口三角巾包扎法。先将无菌纱布覆盖在伤部，将带形三角巾放在下颌处，两手持带形三角巾两底角经双耳分别向上提，长的一端绕头顶与短的一端在颞部交叉，然后将短端经枕部、对侧耳上至颞侧与长端打结固定。

（2）胸背部三角巾包扎法。三角巾底边向下，绕过胸部以后在背后打结，其顶角放在伤侧肩上，系带穿过三角巾底边并打结固定。如为背部受伤，包扎方向相同，只要在前、后面交换位置即可。若为锁骨骨折，则用两条带形三角巾分别包绕两个肩关节，在后背打结固定，再将三角巾的底角向背后拉紧，在两肩过度后张的情况下，在背部打结。

（3）上肢三角巾包扎法。先将三角巾平铺于伤员胸前，顶角对着肘关节稍外侧，与肘部平行，屈曲伤肢，并压住三角巾，然后将三角巾下端提起，两端绕到颈后打结，顶角反折用别针扣住。

（4）肩部三角巾包扎法。先将三角巾放在伤侧肩上，顶角朝下，两底角拉至对侧腋下打结，然后一手持三角巾底边中点，另一手持顶角将三角巾提起拉紧，再将三角巾底边中点由前向下、向肩后包绕，最后顶角与三角巾底边中点于腋下打结固定。

（5）腋窝三角巾包扎法。先在伤侧腋窝下垫上消毒纱布，三角巾中间压住敷料，并将带巾两端向上提，于肩部交叉，再经胸背部斜向对侧腋下打结。

（6）下腹及会阴部三角巾包扎法。将三角巾底边包绕腰部打结，顶角兜住会阴部在臀部打结固定。或将两条三角巾顶角打结，连接结放在伤员腰部正中，上面两端围腰打结，下面两端分别缠绕两大腿根部并与相对底边打结。

（7）残肢三角巾包扎法。先用无菌纱布包裹残肢，将三角巾铺平，残肢放在三角巾上，使其对着顶角，并将顶角反折覆盖残肢，再将三角巾底角交叉，绕肢打结。

155. 徒手搬运伤员的方法有哪些?

（1）单人搬运法。该法适用于伤势比较轻的伤员，采取背、抱或扶持等方法。

（2）双人搬运法。一人托住双下肢，一人托住腰部。在不影响伤势的情况下，还可采用椅式、轿式和拉车式。

（3）三人搬运法。对疑有胸、腰椎骨折的伤员，应由 3 人配合搬运。一人托住伤员的肩胛部，一人托住臀部和腰部，另一人托住双下肢，3 人同时把伤员轻轻抬放到硬板担架上。

（4）多人搬运法。向担架上搬动脊椎受伤的伤员时，应由 4~6 人一起搬动，两人专管伤员头部的牵引固定，使头部始终与躯干成直线，维持颈部不动，两人托住伤员的臂和背，另两人托住下肢，协调地将伤员平直放到担架上，并在颈、腋窝放置一个小枕头，头部两侧用软垫或沙袋固定。

156. 担架搬运伤员的方法有哪些?

（1）自制担架法。常在没有现成的担架而又需要担架搬运伤员时自制担架。

1）用木棍制担架：用两根长约 2.5 m 的木棍或竹竿绑成梯子形，中间用绳索来回绑在两长棍之间即成。

2）用上衣制担架：用两根长约 2.5 m 的木棍或竹竿穿入两件上衣的袖筒中即成，常在没有绳索的情况下采用此方法。

3）用椅子代担架：将两把扶手椅对接，用绳索固定对接处即成。

4）其他担架的做法：用两根木棍、一块毛毯或床单、较结实的长线（铁丝也可）作为材料。第一步，把木棍放在毛毯中央，毛毯的一边折叠，与另一边重合。第二步，毛毯重合的两边包住另一根木棍。第三步，用穿好线的针把两根木棍边的毯子缝合，然后把包另一根木棍边的毯子两边也缝上，即制作完成。

（2）车辆搬运法。车辆搬运受气候条件影响小、速度快，能将伤员及时送到医院抢救，尤其适合较长距离运送。轻伤伤员可坐在车上，重伤伤员可躺在车里的担架上。重伤伤员最好用救护车转送，缺少救护车的地方，可用汽车转送。上车后，胸部受伤伤员取半卧位，一般伤员取仰卧位，颅脑损伤伤员应使其头偏向一侧。

（3）搬运时的注意事项如下：

1）必须先急救，妥善处理后才能搬运。

2）搬运时尽可能不摇动伤员的身体。若遇脊椎受伤者，应将其身体固定在担架上，用硬板担架搬运。切忌一人抱胸、一人搬腿的双人搬抬法，因为这样搬运易加重脊椎损伤。

3）运送伤员时，应随时观察其呼吸、体温、出血、面色变化等情况，注意伤员姿势，给伤员保暖。

4）在人员、器材未准备完好时，切忌随意搬运。

5）不论上述哪种搬运伤员的方法，在途中都要保持平稳，切忌颠簸。

第七部分 危险化学品职业病危害与防护

157. 什么是职业病？

《中华人民共和国职业病防治法》规定，职业病是指企业、事业单位和个体经济组织等用人单位的劳动者在职业活动中，因接触粉尘、放射性物质和其他有毒、有害因素而引起的疾病。这个定义明确了职业病的病因是可能导致从事职业活动的从业人员患职业病的各种职业病危害因素。

158. 职业病有哪些特点？

国内外职业病防治医学专家对职业病的特点已取得如下共识。

（1）病因明确。职业病的病因是明确的，即从业人员在职业活动过程中长期受到来自化学的、物理的、生物的职业病危害因素的侵害，或长期受不良的作业方法、恶劣的作业条件的影响。这些因素的侵害及影响对职业病的起因，直接或间接地、个别或共同地发生作用，如职业性苯中毒是从业人员在职业活动中接触苯引起的，尘肺（肺尘埃沉着病的简称）是从业人员在职业活动中吸入相应的粉尘引起的。

（2）与劳动条件密切相关。职业病的发生与生产环境中职业病危害因素的数量或强度、作用时间、从业人员的劳动强度及个人防护等因素密切相关。例如，急性中毒多由短期内大量吸入毒物引起，慢性中毒则多由长期吸入较小量的毒物引起。

（3）与危害因素浓度或强度有关。职业病的病因大多是可以检测的，而且需要达到一定的浓度或强度，才能使从业人员致病。一般情况下，接触职业病危害因素的浓度或强度与病因有直接关系。

（4）缓发性。职业病不同于突发性事故或疾病，其病症要经过一个较长的逐渐形成期或潜伏期后才能显现，属于缓发性伤残。

（5）群体性。职业病具有群体性发病特征，在接触相同职业病危害因素的人群中，多是同时或先后出现一批相同的职业病病人，很少出现仅有个别人发病的情况。

（6）潜在损伤性。由于职业病多表现为体内器官或生理功能的损伤，因而是只见“病症”，不见“伤口”。

（7）可治疗性。大多数职业病如能早期诊断、及时治疗、妥善处理，则预后较好。但有的职业病如尘肺病、金属及其化合物粉尘沉着病属于不可逆性损伤，痊愈的可能性较低，迄今为止所有治疗方法均无明显效果，只能对症处理、减缓进程，故发现越晚，疗效越差。

（8）可预防性。除职业性传染病外，仅治疗个体并不能有效控制人群发病，必须有效“治疗”有害的工作环境。从病因上来说，职业病是完全可以预防的。发现病因，改善劳动条件，控制职业病危害因素，即可减少职业病的发生，故职业病防治工作必须强调“预防为主、防治结合”。

（9）个体差异性。在同一生产环境中从事同一工种的从业人员，发生职业性损伤的概率和程度有差别。

（10）范围日趋扩大。随着经济社会的发展，越来越多新的职业性疾病将被发现。

159. 导致职业病发生的主要条件是什么?

职业病的发生常与生产过程和作业环境有关，还受个体特征差异的影响。在相同职业病危害的作业环境中，由于个体特征的差异，每个人所受的影响可能有所不同。这些个体特征包括性别、年龄、健康状态和营养状况等，因此人体受到环境中直接或间接危害因素危害时，不一定都会发生职业病。职业病的发病过程，还取决于下列 3 个主要条件：

（1）危害因素本身的性质。危害因素的理化性质和作用部位与职业病的发生密切相关。例如，电磁辐射透入人体组织的深度和危害性，主要取决于其波长。生产性毒物的理化性质及其对人体组织的亲和性与毒性作用有直接关系。例如，汽油和二硫化碳具有明显的脂溶性，对神经组织有密切的亲和作用，因此，首先损害神经系统。物理因素常在接触时起作用，脱离接触后体内不存在残留；化学因素在脱离接触后，作用还会持续一段时间或继续存在。

（2）危害因素作用于人体的量。物理和化学因素对人的危害都与量有关（生物因素进入人体的量目前还无法准确估计），多大的量和浓度才能导致职业病的发生，是确诊的重要参考。一般作用剂量（d）是接触浓度/强度（c）与接触时间（t）的乘积，可表达为 $d=ct$。国家标准《工作场所有害因素职业接触限值　第 2 部分：物理因素》（GBZ 2.2—2007）和《工作场所有害因素职业接触限值　第 1 部分：化学有害因素》（GBZ 2.1—2019）规定了物理、化学因素在工作场所中的职业接触限值。但应该认识到，有些有害物质能在体内蓄积，少量和长期接触也可能引起职业性损害以致职业病发生。认真排查与某种危害因素的接触时间及接触方式，对职业病诊断具有重要价值。

（3）从业人员个体易感性。健康的人体对危害因素的防御能力是多方面的。停止接触某些物理因素后，人体被扰乱的生理功能可以逐步恢复。抵抗力和身体条件较差的人员在毒物进入体内后，其解毒和排毒功能较弱，更易受到损害。

160. 职业病危害因素的来源有哪些？

（1）生产工艺过程。职业病危害因素随着生产技术、机器设备、使用材料和工艺流程变化而变化，如与生产过程有关的原材料、工业毒物、粉尘、噪声、振动、高温、辐射及传染性等因素有关。

（2）劳动过程。职业病危害因素与生产工艺的劳动组织情况、生产设备布局、生产制度、作业体位和操作方式以及智能化程度有关。

（3）作业环境。作业环境主要是指作业场所的环境。例如，室外不良气象条件以及室内厂房狭小、车间位置不合理、照明不良与通风不畅等因素都会对人员产生影响。

161. 职业病危害因素分类有哪些？

（1）按性质分类

1）与环境有关的因素如下：

①物理因素。不良的物理因素或异常的气象条件，如高温、低温、噪声、振动、高低气压、非电离辐射（可见光、紫外线、红外线、射频辐射、激光等）与电离辐射（如 X 射线、γ 射线）等，都会对人体产生危害。

②化学因素。生产过程中使用和接触的原料、中间产品、成品及

这些物质在生产过程中产生的废气、废水和废渣等会对人体产生危害，也被称为工业毒物。工业毒物以粉尘、烟尘、雾气、蒸气的形态遍布于生产作业场所的不同地点和空间，人体接触后可产生刺激性过敏反应，还可能引起中毒。

③生物因素。生产过程中使用的原料、辅料及作业环境中存在的某些致病微生物和寄生虫，如炭疽杆菌、霉菌、布鲁氏菌、森林脑炎病毒和真菌等，可能对人体产生危害。

2）与个体有关的因素。例如，劳动组织和作息制度不合理导致的工作紧张，个人生活习惯不良（如过度饮酒、缺乏锻炼），劳动负荷过重，长时间地单调作业、夜班作业，不合理的操作动作和体位等都会对人体产生不良影响。

3）其他因素。社会经济因素，如国家的经济发展速度、国民的文化教育程度、生态环境、管理水平等因素都会对用人单位的安全、卫生的投入和管理带来影响。职业卫生法制的健全、职业卫生服务和管理系统化，对于控制职业病危害的发生和减少职业伤害也是十分重要的因素。

（2）按国家目录分类

2015 年，国家卫生和计划生育委员会、人力资源和社会保障部、国家安全生产监督管理总局和中华全国总工会联合发布的《职业病危害因素分类目录》将职业病危害因素分为 6 大类，包括粉尘（矽尘等共 52 种）、化学因素（铅及其化合物等共 375 种）、物理因素（噪声等共 15 种）、放射性因素（密封放射源产生的电离辐射等共 8 种）、生物因素（艾滋病病毒等共 6 种）和其他因素类（金属烟、井下不良作业条件、刮研作业共 3 种）。详细分类及种类可查阅该目录。

162. 职业病分类有哪些？

2013 年 12 月 23 日，国家卫生和计划生育委员会、人力资源和社会保障部、国家安全生产监督管理总局和中华全国总工会联合发布的《职业病分类和目录》将职业病共分为 10 类 132 种。

（1）职业性尘肺病及其他呼吸系统疾病（19 种），具体如下：

1）尘肺病（13 种）：矽肺、煤工尘肺、石墨尘肺、碳黑尘肺、石棉肺、滑石尘肺、水泥尘肺、云母尘肺、陶工尘肺、铝尘肺、电焊工尘肺、铸工尘肺以及根据《尘肺病诊断标准》（GBZ 70—2009）[①]和《尘肺病理诊断标准》（GBZ 25—2002）[②]可以诊断的其他尘肺病。

2）其他呼吸系统疾病（6 种）：过敏性肺炎、棉尘病、哮喘、金属及其化合物粉尘肺沉着病（锡、铁、锑、钡及其化合物等）、刺激性化学物所致慢性阻塞性肺疾病和硬金属肺病。

（2）职业性皮肤病（9 种）。职业性皮肤病包括接触性皮炎、光接触性皮炎、电光性皮炎、黑变病、痤疮、溃疡、化学性皮肤灼伤、白斑以及根据《职业性皮肤病的诊断》（GBZ 18—2013）可以诊断的其他职业性皮肤病。

（3）职业性眼病（3 种）。职业性眼病包括化学性眼部灼伤、电光性眼炎、白内障（含放射性白内障、三硝基甲苯白内障）。

（4）职业性耳鼻喉口腔疾病（4 种）。职业性耳鼻喉口腔疾病包括噪声聋、铬鼻病、牙酸蚀病和爆震聋。

（5）职业性化学中毒（60 种）。职业性化学中毒包括铅及其化

---

① 现为《职业性尘肺病的诊断》（GBZ 70—2015）。

② 现为《职业性尘肺病的病理诊断》（GBZ 25—2014）。

合物中毒（不包括四乙基铅），汞及其化合物中毒，锰及其化合物中毒，镉及其化合物中毒，铍病，铊及其化合物中毒，钡及其化合物中毒，钒及其化合物中毒，磷及其化合物中毒，砷及其化合物中毒，铀及其化合物中毒，砷化氢中毒，氯气中毒，二氧化硫中毒，光气中毒，氨中毒，偏二甲基肼中毒，氮氧化合物中毒，一氧化碳中毒，二硫化碳中毒，硫化氢中毒，磷化氢、磷化锌、磷化铝中毒，氟及其无机化合物中毒，氰及腈类化合物中毒，四乙基铅中毒，有机锡中毒，羰基镍中毒，苯中毒，甲苯中毒，二甲苯中毒，正己烷中毒，汽油中毒，一甲胺中毒，有机氟聚合物单体及其热裂解物中毒，二氯乙烷中毒，四氯化碳中毒，氯乙烯中毒，三氯乙烯中毒，氯丙烯中毒，氯丁二烯中毒，苯的氨基及硝基化合物（不包括三硝基甲苯）中毒，三硝基甲苯中毒，甲醇中毒，酚中毒，五氯酚（钠）中毒，甲醛中毒，硫酸二甲酯中毒，丙烯酰胺中毒，二甲基甲酰胺中毒，有机磷中毒，氨基甲酸酯类中毒，杀虫脒中毒，溴甲烷中毒，拟除虫菊酯类中毒，铟及其化合物中毒，溴丙烷中毒，碘甲烷中毒，氯乙酸中毒，环氧乙烷中毒，上述条目未提及的与职业病危害因素接触之间存在直接因果联系的其他化学中毒。

（6）物理因素所致职业病（7 种）。物理因素所致职业病包括中暑、减压病、高原病、航空病、手臂振动病、激光所致眼（角膜、晶状体、视网膜）损伤和冻伤。

（7）职业性放射性疾病（11 种）。职业性放射性疾病包括外照射急性放射病、外照射亚急性放射病、外照射慢性放射病、内照射放射病、放射性皮肤疾病、放射性肿瘤（含矿工高氡暴露所致肺癌）、放射性骨损伤、放射性甲状腺疾病、放射性性腺疾病、放射复合伤以及根据《职业性放射性疾病诊断标准（总则）》（GBZ 112—2002）[①]可以诊断的其他放射性损伤。

（8）职业性传染病（5 种）。职业性传染病包括炭疽、森林脑炎、布鲁氏菌病、艾滋病（限于医疗卫生人员及人民警察）和莱姆病。

（9）职业性肿瘤（11 种）。职业性肿瘤包括石棉所致肺癌、间皮瘤，联苯胺所致膀胱癌，苯所致白血病，氯甲醚、双氯甲醚所致肺癌，砷及其化合物所致肺癌、皮肤癌，氯乙烯所致肝血管肉瘤，焦炉逸散物所致肺癌，六价铬化合物所致肺癌，毛沸石所致肺癌、胸膜间皮瘤，煤焦油、煤焦油沥青、石油沥青所致皮肤癌和 β-萘胺所致膀胱癌。

（10）其他职业病（3 种）。其他职业病包括金属烟热，滑囊炎（限于井下工人），股静脉血栓综合征、股动脉闭塞症或淋巴管闭塞症（限于刮研作业人员）。

163. 职业病危害预防与控制的工作方针与原则是什么？

职业病危害预防与控制工作，必须发挥政府、工会、生产经营单位、职业卫生技术服务机构、职业病防治机构等各方面的力量，由全社会加以监督，贯彻“预防为主、防治结合”的方针，遵循“三级预防”的原则，实行分类管理、综合治理，不断提高职业病危害防治管理水平。

（1）第一级预防。第一级预防又称病因预防，是从根本上杜绝职业病危害因素对人的作用，即改进生产工艺和生产设备，合理利用防护设施及个人劳动防护用品，以减少人员接触职业病危害因素的机

---

① 现为《职业性放射性疾病诊断总则》（GBZ 112—2017）。

会和程度。将国家制定的工业企业设计卫生标准、工作场所有害物质职业接触限值等作为共同遵守的接触限值或防护的准则，可在职业病预防工作中发挥重要的作用。

（2）第二级预防。第二级预防又称发病预防，是早期检测和发现职业病危害因素所致的疾病。其主要手段是定期进行环境中职业病危害因素的监测和对接触者的定期体格检查，评价工作场所职业病危害程度，控制职业病危害，加强防毒防尘，防止物理性因素等有害因素的危害，使工作场所职业病危害因素的浓度（强度）符合国家职业卫生标准。对人员进行职业健康监护，开展职业健康检查，早期发现职业性疾病损害，早期鉴别和诊断。

（3）第三级预防。第三级预防是在人员患职业病以后，对其进行合理康复治疗，包括对职业病病人的保障，对疑似职业病病人进行诊断。保障职业病病人享受职业病待遇，安排职业病病人进行治疗、康复和定期检查，对不适宜继续从事原工作的职业病病人，应当调离原岗位并妥善安置。

164. 职业病危害因素检测的要求有哪些?

依据职业卫生有关采样、测定等法规标准的要求，在工作现场采集样品后测定分析或者直接测量，再对照国家职业病危害因素接触限值有关的标准要求，是评价工作环境中存在的职业病危害因素浓度或强度的基本方式。通过职业病危害因素检测，可以判定职业病危害因素的性质、分布、产生的原因和危害程度，也可以评价工作场所配备的工程防护设备设施的运行效果。

国家职业卫生有关法律、法规、标准对工作场所职业病危害因素的采样和测定都有明确的规定，职业病危害因素检测必须按计划实施，由专人负责并进行记录，纳入已建立的职业卫生档案。例如，对于工作场所中存在的粉尘和化学毒物的采样，根据其采样方式的不同，可以分为定点采样和个体采样两种类型。定点采样是指将空气收集器放置在选定的采样点、劳动者的呼吸带进行采样；个体采样是指将空气收集器佩戴在采样对象（选定的作业人员）的前胸上部，其进气口尽量接近呼吸带所进行的采样。

165. 职业病危害控制措施有哪些？

职业病危害控制的主要技术措施包括工程技术措施、个体防护措施和组织管理措施等。

（1）工程技术措施。工程技术措施是指应用工程技术的措施和手段（如密闭、通风、冷却、隔离等），控制生产工艺过程中产生或存在的职业病危害因素的浓度或强度，使作业环境中危害因素的浓度或强度降至国家职业卫生标准容许的范围之内。例如，对于化学毒物的工程控制，可以采取全面通风、局部送风和排出气体净化等措施。

（2）个体防护措施。对于经工程技术治理后仍然不能达到限值要求的职业病危害因素，为避免其对劳动者造成健康损害，需要为劳动者配备有效的个体劳动防护用品。针对不同类型的职业病危害因素，应选用合适的防尘、防毒或者防噪声等的个体劳动防护用品。

（3）组织管理措施。在生产和劳动过程中，通过建立健全职业病危害预防控制规章制度，确保职业病危害预防控制有关要素的良好与有效运行，是保障劳动者职业健康的重要手段，也是合理组织劳动过程、实现生产工作高效运行的基础。

166. 生产性粉尘对人体有哪些危害？

在生产过程中形成的能够长时间悬浮于空气中的固体微粒，称为生产性粉尘。生产性粉尘对人体有多方面的不良影响。根据其性质，可将生产性粉尘分为无机性粉尘、有机性粉尘和混合性粉尘3类。

生产性粉尘根据其理化物质和作用特点不同，可引起不同的疾病。

（1）呼吸系统疾病。长期吸入不同种类的粉尘，可导致不同类型的尘肺或其他肺部疾患，如铝粉肺等。

（2）中毒。吸入铅、锰、砷等粉尘，可导致全身性中毒。

（3）呼吸系统肿瘤。石棉、放射性物质、镍、铬等粉尘可导致肺部肿瘤。

（4）局部刺激性。例如，金属粉末可引起角膜损伤、混浊。

167. 预防尘肺病的措施有哪些？

消除或减少粉尘是预防尘肺病最根本的措施。

（1）通过革新生产设备，实现自动化作业，避免人员接触粉尘。

（2）采用湿式作业，可减少粉尘飞扬，降低作业场所粉尘浓度。

（3）对不能采用湿式作业的场所，应采用密闭抽风除尘方法。

（4）作业中接触粉尘的人员，在作业现场防尘、降尘措施难以使粉尘浓度降至符合作业场所卫生标准的条件下，一定要佩戴防尘护具，效果较好的有防尘安全帽、送风口罩等，适用于粉尘浓度高的环境。在粉尘浓度较低的环境中，佩戴防尘口罩有一定的预防作用。

（5）对于特定岗位，工作一段时间进行轮岗、转岗，也能有效预防尘肺病。

（6）在日常饮食中，注意吃些清肺的食品（如猪血、黑木耳等），对预防尘肺病也有一定的好处。

168. 噪声对人体有哪些危害?

在生产过程中，机器转动、气体排放、工件撞击、摩擦所产生的声音，其频率和强度没有规律，听起来使人感到厌烦，称为生产性噪声或工业噪声。噪声对人体的影响是多方面的：首先是对听觉器官的损害，长时间接触一定强度的噪声，会引起听力下降和噪声性耳聋；其次，噪声对神经系统、心血管系统及全身其他器官也有不同程度的影响，可出现头痛、头晕、睡眠障碍等病症，长期接触较强的噪声可引起血压持续升高，还可出现胃肠功能紊乱、胃蠕动减慢等变化。

从安全方面来看，在噪声的干扰下，人们会感到烦躁，注意力不集中，反应迟钝，不仅影响工作效率，而且会降低对事故隐患的判断处理能力。在车间等作业场所，如果噪声掩盖了异常信号或声音，容易发生伤亡事故。

169. 振动对人体有哪些危害?

在生产过程中，生产设备、工具产生的振动称为生产性振动。

长期受外界振动的影响可引起振动病。按振动对人体作用方式不同，可将振动分为全身振动和局部振动。强烈的全身振动可使交感神经处于紧张状态，出现血压升高、心率加快、胃肠不适等症状。全身振动引起的这些功能性改变，在脱离振动环境和休息后，多能自行恢复。在生产中，人们接触较多、危害较大的振动是振动性工具产生的振动。长时间使用这些工具，会造成手臂振动病，目前国家已将手臂振动病列为法定职业病。手臂振动病又称局部振动病，是由于长期接触过量的局部振动，引起手部末梢循环或手臂神经功能障碍。该病的典型表现是手指发白（白指症）并伴有麻、胀、痛的感觉，手心多汗。

170. 控制噪声与振动对人体危害的措施有哪些？

控制噪声、振动对人体的危害，应从以下 3 方面入手：

（1）消除或降低噪声、振动。采用无声或低声设备代替发出强噪声的设备；将机械设备装在橡皮、软木上，避免与地板直接接触；工具的金属部件改用塑料或橡胶，以减弱因撞击而产生的噪声和振动。

（2）控制噪声、振动的传播，如采取吸声、隔声、隔振、阻尼等措施。

（3）做好个人防护。如果作业场所的噪声、振动暂时不能得到有效控制，则加强个人防护是避免遭受危害的有效措施。例如，在高噪声环境中作业时，佩戴耳塞就是最便捷的防护方法，必要时应佩戴耳罩、帽盔等。为预防振动病，在作业场所要防寒保暖，振动性工具的手柄温度如能保持在 40 ℃，对预防振动有较好的效果。合理使用劳动防护用品，特别是防振手套、减振座椅等。

171. 疑似职业病病人的保障有哪些？

医疗卫生机构发现疑似职业病病人时，应当告知劳动者本人并及时通知用人单位。

用人单位应当及时安排对疑似职业病病人进行诊断；在疑似职业病病人诊断或者医学观察期间，不得解除或者终止与其订立的劳动合同。

疑似职业病病人在诊断、医学观察期间的费用，由用人单位承担。

172. 职业病病人的保障有哪些？

（1）用人单位应当保障职业病病人依法享受国家规定的职业病待遇。

用人单位应当按照国家有关规定，安排职业病病人进行治疗、康复和定期检查。

用人单位对不适宜继续从事原工作的职业病病人，应当调离原岗位，并妥善安置。

用人单位对从事接触职业病危害作业的劳动者，应当给予适当岗位津贴。

（2）职业病病人变动工作单位，其依法享有的待遇不变。

（3）用人单位在发生分立、合并、解散、破产等情形时，应当对从事接触职业病危害作业的劳动者进行健康检查，并按照国家有关规定妥善安置职业病病人。

（4）用人单位已经不存在或者无法确认劳动关系的职业病病人，可以向地方人民政府医疗保障、民政部门申请医疗救助和生活等方面的救助。

173. 女职工和未成年工的保护措施有哪些？

（1）用人单位不得安排未成年工从事接触职业病危害的作业，不得安排孕期、哺乳期的女职工从事对本人和胎儿、婴儿有危害的作业。

（2）安排未经职业健康检查的劳动者、有职业禁忌的劳动者、未成年工或者孕期、哺乳期女职工从事接触职业病危害的作业或者禁忌作业的，违章指挥和强令劳动者进行没有职业病防护措施的作业的，由卫生行政部门责令限期治理，并处 5 万元以上 30 万元以下的罚款；情节严重的，责令停止产生职业病危害的作业，或者提请有关人民政府按照国务院规定的权限责令关闭。

174. 什么是劳动防护用品?

劳动防护用品是指由用人单位为劳动者配备的，使其在劳动过程中免遭或者减轻事故伤害及职业病危害的个人防护装备。使用劳动防护用品是保障劳动者人身安全与健康的重要措施，也是用人单位安全生产日常管理的重要工作内容。

175. 劳动防护用品按用途可分为哪几类?

（1）劳动防护用品按防止伤亡事故的用途可分为防坠落用品、防冲击用品、防触电用品、防机械外伤用品、防酸碱用品、耐油用品、防水用品、防寒用品等。

（2）劳动防护用品按预防职业病的用途可分为防尘用品、防毒用品、防噪声用品、防振动用品、防辐射用品、防高低温用品等。

176. 劳动防护用品的配置有何法律规定?

《中华人民共和国安全生产法》规定，生产经营单位必须为从业人员提供符合国家标准或者行业标准的劳动防护用品，并监督、教育从业人员按照使用规则佩戴、使用。

《中华人民共和国职业病防治法》规定，用人单位必须为劳动者提供个人使用的职业病防护用品。用人单位为劳动者个人提供的职业病防护用品必须符合防治职业病的要求；不符合要求的，不得使用。

177. 劳动防护用品的管理要求有哪些？

（1）用人单位应当健全管理制度，加强劳动防护用品配备、发放、使用等管理工作。

（2）用人单位应当安排专项经费用于配备劳动防护用品，不得以货币或者其他物品替代。该项经费计入生产成本，据实收支。

（3）用人单位应当为劳动者提供符合国家标准或者行业标准的劳动防护用品。使用进口的劳动防护用品，其防护性能不得低于我国相关标准。

（4）劳动者在作业过程中，应当按照规章制度和劳动防护用品使用规则，正确佩戴和使用劳动防护用品。

（5）用人单位使用的劳务派遣工、接纳的实习学生应当纳入本单位人员统一管理，并配备相应的劳动防护用品。对处于作业地点的其他外来人员，必须按照与进行作业的劳动者相同的标准，正确佩戴和使用劳动防护用品。

178. 防酸工作服有哪些类型？

防酸工作服是用耐酸性织物或橡胶、塑料等材料制成的防护服，是从事酸作业人员使用的、具有防酸性能的服装。

防酸工作服根据材料的性质不同分为透气型防酸工作服和不透气型防酸工作服两类。透气型防酸工作服用于轻、中度酸污染场所的防护，产品有分身式和大褂式两种款式。不透气型防酸工作服用于严重酸污染场所，有连体式、分身式和围裙式等款式。

179. 常见的呼吸防护用品有哪些？

根据结构和原理，呼吸防护用品可分为过滤式和隔离式两大类，按其防护用途可分为防尘、防毒和供氧三大类。

（1）过滤式呼吸防护用品。这类防护用品是以佩戴者自身呼吸为动力，将空气中有害物质予以过滤净化，可分为防尘口罩和防毒面具两种。

1）自吸过滤式防尘口罩是用于防御各种粉尘和烟雾等颗粒较大的固体有害物质的防尘呼吸器，这种口罩有复式和简易式两种。其中，复式防尘口罩由主体（口鼻罩）、滤尘盒、呼气阀和系带等部件组成；简易式防尘口罩没有滤尘盒，大部分不设呼气阀，依靠夹具、支架或直接将滤料做成口鼻罩。

2）自吸过滤式防毒面具主要用于防御各种有害气体、蒸气、气溶胶等，通常被称为防毒口罩或防毒面具，可分为直接式与导管式两种。前者为滤毒罐（盒）直接与面罩相连，后者为滤毒罐（盒）通过导气管与面罩相连。防毒面具的面罩分为全面罩和半面罩。全面罩有头罩式和头戴式两种，应能遮住眼、鼻和口；半面罩一般只能遮住鼻和口。

（2）隔离式呼吸防护用品。这类防护用品能使佩戴者的呼吸器官与污染环境隔离，由呼吸器自身供气（空气或氧气）或从清洁环境中引入空气来维持人体的正常呼吸。按其供气方式，隔离式呼吸防护用品可分为自带式与外界输入式两种。

1）自带式有空气呼吸器和氧气呼吸器两种，其结构包括面罩、短导气管、供气调节阀和供气罐，其呼吸通路与外界隔绝。供气采用罐内盛压缩氧气（空气）或过氧化物与呼出的水蒸气及二氧化碳发生化学反应产生氧气的方法。

2）外界输入式有电动送风呼吸器、手动送风呼吸器和自吸式长管呼吸器3种，与自带式的主要区别在于供气源由作业场所外输入口罩（面具或头盔）内。外界输入式由口罩（面具或头盔）、长导气管、减压阀、净化装置及调节阀等组成。

180. 防护手套使用时有哪些注意事项?

使用防护手套前，首先应了解不同种类手套的防护作用和使用要求，以便在作业时正确选择，切不可把一般场合用的手套当作专用防护手套来使用。在所有工作环境下，防护手套都应佩戴合适，避免手套过长被机械绞或卷住而造成手部受伤。

不同的防护手套有其特定的用途和性能，在实际工作时一定要结合作业情况来正确使用，以保护手部安全。使用防护手套的注意事项如下：

（1）普通操作应佩戴防机械伤害手套，可用帆布、绒布、粗纱制作而成，以防丝扣、尖锐物体、毛刺、工具等伤手。

（2）冬季应佩戴防寒棉手套，对导热油、三甘醇等高温部位操作也应使用棉手套。

（3）使用甲醇时必须佩戴防毒乳胶或橡胶手套。

（4）加电解液或打开电瓶盖要使用耐酸碱手套，注意防止电解液溅到衣物上或身体其他裸露部位。

（5）焊割作业应佩戴焊工手套，以防焊渣、熔渣等烧坏衣袖、烫伤手臂。

（6）备有耐火阻燃手套，用于救火或有可能造成烧伤的操作。

（7）操作旋转机床或有可能接触设备运转部件时禁止佩戴手套。

（8）防护手套特别是被凝析油、汽油、柴油等轻质油品浸湿的手套使用完毕后，应及时清洗油污；禁止戴此类手套吸烟、点火、烤火等，以防被点燃。

181. 耐酸碱鞋（靴）的主要防护作用是什么?

耐酸碱鞋（靴）采用防水革、塑料、橡胶等材料，配以耐酸碱鞋底，经模压、硫化或注压成型，具有防酸碱性能。其主要作用是在足部接触酸碱或酸碱溶液泼溅在足部时，保护足部不受伤害。耐酸碱鞋只适用于一般浓度较低的酸碱作业场所，不能浸泡在酸碱溶液中进行长时间作业，否则酸碱溶液会浸入鞋内腐蚀足部造成伤害。

根据材料的性质，耐酸碱鞋（靴）可分为耐酸碱皮鞋、耐酸碱塑料模压靴和耐酸碱胶靴三类。

182. 防护眼镜和防护面罩的作用有哪些?

（1）防护眼镜及其作用如下：

1）防固体碎屑的防护眼镜，主要用于防御金属或砂石碎屑等对眼睛的机械损伤，眼镜片和眼镜框架应结构坚固、抗打击，框架周围应装有遮边，眼镜片可选用钢化玻璃或用铜丝网防护镜片。

2）化学溶液防护眼镜，主要用于防御有刺激或腐蚀性的溶液，可选用普通平光眼镜片，眼镜框架应有遮盖，以防溶液溅入。

3）防辐射的防护眼镜，用于防御过强的紫外线等辐射。

（2）防护面罩及其作用如下：

1）普通面罩。普通面罩是防止固体碎屑和化学溶液溅射入眼及损伤面部的面罩，一般用轻质透明塑料或聚碳酸酯等塑料制作，面罩两侧及下端分别向两耳和下颏下端朝颈部延伸，使面罩能更全面地包裹面部，增加防护效果。

2）有机玻璃隔热面罩。有机玻璃隔热面罩可防止热辐射对头部的作用，主要用于钢铁处理、大炉出灰、玻璃熔融等工种。

3）金属网面罩。金属网面罩用于防热和防微波辐射。

4）电焊面罩。除装有深绿色镜片外，其面罩部分由一定厚度的硬纸纤维制成，质轻、防热，具有良好的电绝缘性，可防止电焊时产生的高热、紫外线、红外线、可见光以及烟雾刺激。

183. 安全帽的使用注意事项有哪些？

（1）在使用之前一定要检查安全帽上是否有裂纹、碰伤痕迹、凹凸不平、磨损（包括对帽衬的检查）。安全帽上如存在影响其性能的明显缺陷应及时报废，以免影响防护作用。

（2）不能随意在安全帽上拆卸或添加附件，以免影响其原有的防护性能。

（3）不能随意调节帽衬的尺寸。安全帽的内部尺寸如垂直间距、佩戴高度、水平间距在相关标准中是有严格规定的，这些尺寸直接影响安全帽的防护性能，使用时不可随意调节。否则，一旦发生落物冲击，安全帽会因佩戴不牢脱落或因冲击触顶而起不到防护作用，直接伤害佩戴者。

（4）使用时一定要将安全帽戴正、戴牢，不能晃动，要系紧下颏带，调节好后箍以防安全帽脱落。

（5）受过一次强冲击或做过试验的安全帽不能继续使用，应予以报废。

184. 防冲击眼护具的主要技术性能要求有哪些？

防冲击眼护具对视野有严格的要求：最小上侧视野为 80°；对于由两片镜片组成的眼护具，最小下方视野为 60°；对于由单片镜片组成的眼护具，最小下方视野为 67°。

防冲击眼护具主要技术性能要求如下：

（1）抗高强度冲击性能。用于抗高强度冲击的眼镜，应满足其强度要求。

（2）耐热性。镜片放在 67 ℃的水中，保温 3 min 后取出，立即放入 4 ℃以下的水中，不应出现破裂等异常现象。

（3）耐腐蚀性。清除金属部件表面油垢后，放入沸腾的质量分数为 0.1%的食盐溶液中浸泡 15 min，取出后在室温下干燥 24 h，再用温水洗净，待其干燥，观察表面无腐蚀现象为合格。

（4）镜片的外观质量。将镜片置于背景色前，用 60 W 白炽灯照明目测，表面应光滑，无划痕、波纹、气泡、杂质等明显缺陷。